Sobre a Teoria

Arnos Hovhannisyan
Mishal Khaddazh

Sobre a Teoria da Polimerização em Emulsão

ScienciaScripts

Imprint

Any brand names and product names mentioned in this book are subject to trademark, brand or patent protection and are trademarks or registered trademarks of their respective holders. The use of brand names, product names, common names, trade names, product descriptions etc. even without a particular marking in this work is in no way to be construed to mean that such names may be regarded as unrestricted in respect of trademark and brand protection legislation and could thus be used by anyone.

Cover image: www.ingimage.com

This book is a translation from the original published under ISBN 978-3-659-85137-7.

Publisher:
Sciencia Scripts
is a trademark of
Dodo Books Indian Ocean Ltd. and OmniScriptum S.R.L publishing group

120 High Road, East Finchley, London, N2 9ED, United Kingdom
Str. Armeneasca 28/1, office 1, Chisinau MD-2012, Republic of Moldova, Europe

ISBN: 978-620-8-34655-3

Copyright © Arnos Hovhannisyan, Mishal Khaddazh
Copyright © 2024 Dodo Books Indian Ocean Ltd. and OmniScriptum S.R.L publishing group

LISTA DE CONTEÚDOS

Nota do autor 2
Introdução 4
Capítulo 1... 5
Capítulo 2... 13
Capítulo 3... 27
Capítulo 4... 38
Capítulo 5... 44
Referências 50

Nota do autor

Uma vez um poeta antigo escreveu no prefácio do seu livro: "*Normalmente os leitores não se preocupam com o objetivo moral, é por isso que não lêem prefácios*"

Para um livro literário esta questão pode ser verdadeira, mas o leitor de literatura técnica deve estar interessado em saber por quem a obra foi escrita e para quem se destina a ser utilizada.

Gostaríamos de acreditar que o nosso livro será de interesse para químicos e físicos que lidam com problemas de polimerização em emulsão e que pretendem produzir partículas poliméricas monodispersas em sistemas líquidos heterogéneos.

Espero que, depois de conhecer este prefácio, o leitor tenha uma motivação extra para analisar e avaliar o conteúdo do livro.

Gostaria de salientar a grande contribuição do meu colega e coautor, Dr. Mishal Khaddazh. O seu profundo conhecimento da polimerização em emulsão, bem como o seu domínio do inglês científico, permitiram-nos, na minha opinião, transmitir ao leitor os problemas da polimerização em emulsão.

Por outro lado, duvido profundamente da possibilidade de aparecer uma monografia deste género sem a realização de um grande grupo de cientistas com quem trabalhei e comuniquei. Neste aspeto, devo mencionar:

• Professora Inessa A. Gritskova, do Departamento de Química e Tecnologia de Compostos de Alto Peso Molecular do Instituto de Tecnologias Químicas Finas de Moscovo, que foi a minha supervisora científica quando iniciei a minha investigação.

• o académico Victor A. Kabanov, o opositor da minha tese de doutoramento, o chefe do Departamento de Compostos de Alto Peso Molecular da Faculdade de Química da Universidade Estatal de Moscovo e o vice-presidente da Academia das Ciências da Rússia. Orgulho-me de referir aqui uma parte da sua resolução oficial sobre a minha tese e experiências: "*As experiências em tubo de ensaio de Hovhannisyan impressionam pela simplicidade fundamental da aplicação dos métodos e pelos resultados inequívocos alcançados. Podem ser consideradas como um modelo de competências experimentais e assemelham-se aos exemplos clássicos do período de formação da Físico-Química*"

• O físico alemão e laureado com o Prémio Nobel, professor Rudolf L. Mossbauer, visitou em 1977 o Instituto de Física da Matéria Condensada da Universidade Estatal de Yerevan. O meu laboratório de Físico-Química (atualmente designado por Laboratório de Dispersões de

Polímeros) fazia parte deste Instituto. O Prof. Mossbauer avaliou muito bem as nossas investigações no domínio do crescimento de monocristais utilizando materiais poliméricos especiais. Este aspeto desempenhou um papel estimulante no meu trabalho criativo.

Por último, gostaria de salientar que os autores ficarão extremamente gratos por todas as opiniões, sugestões ou críticas da vossa parte. Os comentários e notas podem ser enviados para os seguintes e-mails:

- hovamos@gmail.com ;
- mishal_2@mail.ru .

Prof. A. Hovhannisyan

Introdução

A polimerização radicalar em sistemas heterogéneos monómero - água tem propriedades especiais diferentes das de outros métodos de polimerização radicalar. Estas propriedades são detectadas quando a polimerização é conduzida em emulsões micelares, ou o que é comum ser considerado como polimerização em emulsão (EP) [1-4].

Os principais componentes da polimerização em emulsão são o monómero, a água, o emulsionante e o iniciador. Normalmente, as moléculas do emulsionante não participam nos actos elementares da polimerização.

A EP é caracterizada por uma elevada taxa de processamento. A taxa e o grau de polimerização são diretamente proporcionais à concentração do emulsionante. É óbvio que estes fenómenos são causados por um estado de dispersão específico do sistema heterogéneo mantido. Na literatura existem muitas revisões, artigos e monografias com o objetivo de clarificar esta proporcionalidade [1-13]. Alguns destes estudos são discutidos no capítulo 1 do nosso livro.

O principal objetivo deste livro é apresentar ao leitor os resultados de vários estudos experimentais que mostram uma possível ligação entre o PE e as especificidades dos processos físicos e químicos que ocorrem nas interfaces monómero-água. Nestas experiências, a polimerização é realizada em condições estáticas, o que permitiu observar e investigar os processos físicos e químicos que ocorrem na interface, bem como em fases separadas dos sistemas heterogéneos.

Capítulo 1

Modelo Topológico de Polimerização em Emulsão

1.1. Modelo Harkins.

Um exemplo clássico de EP é a polimerização de estireno iniciada por persulfato de potássio em emulsão micelar água-monómero. De acordo com Harkins [3], as micelas emulsionantes inchadas de monómero na emulsão micelar começam a desaparecer desde o início da fase inicial da polimerização e microgotículas de monómero, contendo moléculas de monómero, moléculas de polímero e radicais em crescimento, aparecem na fase aquosa. Estas micropartículas líquidas são chamadas partículas de polímero-monómero (PMP). Após uma conversão de 5-10%, a emulsão micelar transforma-se numa dispersão constituída por dois conjuntos de partículas: grandes gotículas de monómero (diâmetro da ordem de 1 mkm) e PMP.

A Figura 1.1 mostra esquematicamente as emulsões antes e depois do desaparecimento das micelas.

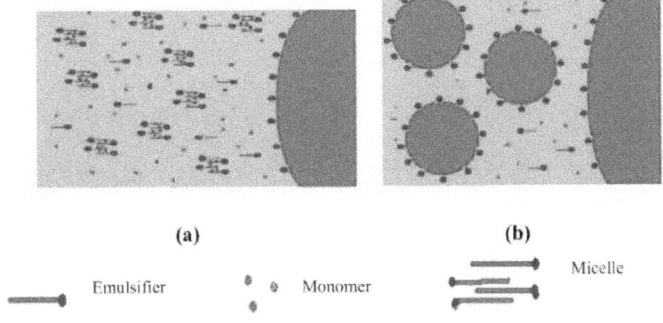

Fig. 1.1. Representação esquemática das emulsões antes (a) e depois (b) do desaparecimento das micelas.

O facto do desaparecimento das micelas é um aspeto básico para a criação do modelo micelar de EP, segundo o qual as PMP são nucleadas quando se forma um centro ativo de polimerização nas micelas [2, 3]. De acordo com este modelo, as gotículas de monómero não estão envolvidas nas reacções de polimerização, como evidenciado pelo fluxo de PE em soluções de sabão sem gotículas de monómero no sistema, mas em contacto com vapor de monómero. Assume-se que, dependendo da solubilidade do monómero em água, a nucleação dos radicais de monómero pode começar na água ou diretamente nas micelas. A formação de PMP termina a 2-15% de conversão do monómero, e depois a polimerização ocorre apenas nos PMP, cujo número é constante e o seu tamanho aumenta continuamente. Como resultado, obtém-se um látex com tamanhos de partículas na gama de 100-200 nm. Após o desaparecimento das micelas, a polimerização flui a uma taxa constante até cerca de 60% de conversão do monómero, sendo este período considerado como o período estacionário do PE.

Normalmente, o número médio de partículas é de 10^{14} /ml, e a taxa de formação dos radicais primários é de cerca de 10^{13} /ml·sec. Portanto, cada partícula, em 10 segundos, tem apenas um radical. Quando o segundo radical entra no PMP, ocorre uma terminação quadrática instantânea (a constante de terminação quadrática dos radicais em crescimento é de aproximadamente 10^8 l·(mol·s)$^{-1}$, e o tempo de vida do radical na partícula é de cerca de $3 \cdot 10^{-3}$ seg.). Assim, em qualquer momento, metade das partículas conterá 1 radical e a outra metade nenhum. A partir destes cálculos, conclui-se que a taxa de conversão de monómero em polímero (W) por unidade de volume da emulsão é proporcional (a) a metade do número de PMP e (b) à concentração de monómero no PMP. Ewart e Smith [1], com base nestes cálculos para um período fixo de EP, derivaram uma equação que descreve a dependência da taxa de polimerização do número de partículas.

$$W = (N/2)K_P M \qquad (1.1)$$

Onde K_P - constante de propagação da cadeia, N - número de PMP em volume unitário de fase aquosa. M - concentração de monómero no PMP.

Ewart e Smith também consideraram que o grau de polimerização (P) a uma concentração constante de iniciador será diretamente proporcional ao número de partículas, uma vez que com o aumento de N, a probabilidade (frequência) de entrada do radical nessa partícula diminui

$$P = NK_P M/Wi \qquad (1.2)$$

em que Wi - a taxa de formação de radicais primários.

Smith e Ewart, com base no mecanismo de formação de PMP micelares e no facto de a sua superfície estar coberta por moléculas de emulsionante, derivaram a equação do número de PMP em função da concentração de emulsionante:

$$N = K(W_i/\mu)^{0.4} \bullet (S \cdot a)^{0.6} \qquad (1.3)$$

onde μ - taxa de crescimento do diâmetro da partícula, S - a concentração de sabão no sistema a

- a área de superfície das partículas cobertas pela molécula de sabão.

A partir das equações (1.1)-(1.3) conclui-se que tanto a taxa como a conversão de polimerização devem aumentar com o aumento da concentração de emulsionante, para além de se formarem moléculas de polímero de elevado peso molecular. Mas os autores não consideraram o facto de que o aumento do número de partículas também aumenta o tempo de permanência (inativo) das partículas e a taxa de polimerização pode ser reduzida. Também foi observado que a alta taxa de EP é observada quando a polimerização é iniciada por um iniciador solúvel em óleo ou por radiação gama [5]. Nestes casos, a taxa de conversão do monómero na emulsão é muito mais elevada do que a taxa de polimerização em massa, o que indica que os efeitos cinéticos na emulsão estão associados não só à pequena probabilidade de existência simultânea de dois radicais no PMP.

Depois disso, foram encontradas soluções para a equação da taxa de polimerização quando dois ou mais radicais podem coexistir simultaneamente numa partícula [14,15]. Mas mesmo nesses trabalhos não há explicação para a alta taxa de EP.

Foi provado experimentalmente que as equações (1.1) - (1.3) satisfazem o caso da iniciação do PE do estireno por compostos de persulfato [16-18]. No entanto, são inconsistentes com muitos resultados cinéticos obtidos noutros sistemas [15, 19-21].

Tentando explicar uma série de diferenças significativas entre os resultados experimentais e a teoria de Smith-Ewart, Medvedev levou à ideia de que a área principal do fluxo de actos elementares de PE está localizada na camada de adsorção do emulsionante na superfície do PMP [5,6]. A ideia surgiu em ligação com o facto de, em alguns casos, a polimerização em emulsão ter lugar com uma energia de ativação relativamente baixa [6,22].

De acordo com Medvedev, a baixa energia de ativação de um ataque químico deve-se à influência das camadas de adsorção do emulsionante na reação de iniciação [5,6]. No entanto, em alguns casos, apesar das elevadas taxas de EP, não foi estabelecido qualquer efeito direto do emulsionante na decomposição do persulfato de potássio [23,24]. As elevadas taxas de EP por radiação indicam que deve haver mais razões associadas a outros factores, para além da concentração do processo em partículas discretas e do efeito catalítico da camada de adsorção do emulsionante na cinética do EP. Medvedev chamou a atenção para o facto de, na fase estacionária do PE, a viscosidade do PMP ser bastante elevada e, de acordo com os dados da Fuji [25] para a fotopolimerização em massa do estireno, chegou à conclusão de que a obtenção de elevadas taxas de polimerização em emulsão está associada a valores baixos da taxa de terminação das cadeias cinéticas. Em particular, os efeitos da aceleração da taxa de polimerização são devidos ao aumento da viscosidade do meio que é observado na polimerização do cloropreno [5,6].

Na sua descrição quantitativa da cinética da EP, Medvedev admitiu a possibilidade de troca de massa entre as PMP e a sua floculação. Nas publicações de Medvedev não há explicação para os efeitos cinéticos da radiação EP na presença de surfactantes inertes, bem como para a constância observada das partículas durante a polimerização [1, 26-28]. A tentativa de relacionar a elevada taxa de EP com a elevada viscosidade das partículas revelou-se infrutífera. De acordo com Fuji [25], a 60% de conversão, a taxa de fotopolimerização em massa do estireno aumenta cerca de 25 vezes, enquanto a taxa de EP é superior à taxa em massa em mais 2 ordens de grandeza [5] (a comparação das taxas neste trabalho é para EP iniciada por um iniciador solúvel em óleo).

Em alguns casos, a reação química entre o iniciador e o emulsionante tem um efeito considerável na cinética do PE [29-31] e a dependência direta da taxa e do grau de polimerização da concentração do emulsionante, neste caso, é invertida [29]. É por isso que se acredita que, para uma compreensão completa do mecanismo e da topologia do PE, a interação entre o emulsionante e o iniciador deve ser excluída e devemos concentrar-nos no próprio estado do sistema heterogéneo.

1.2. O modelo de nucleação homogénea.

De acordo com este modelo, na fase inicial da EP, a iniciação das moléculas de polímero ocorre na fase aquosa e os oligómeros formados são depois associados em bobinas [10, 32-37].

De acordo com [37], um mecanismo homogéneo de geração de partículas de látex é suportado em sistemas monómero-água sem emulsionantes. A ausência de emulsionante (micelas) no sistema monómero-água primário permitiu aos autores [37] identificar a formação de partículas de látex com um processo de nucleação homogénea que ocorre em soluções supersaturadas perfeitamente puras. O processo de nucleação homogénea em soluções salinas puras é apresentado como uma reação química de polimerização em que o ato elementar de adesão à cadeia polimérica das moléculas de monómero é reversível [38,39]:

$$X_1 + X_1 \rightleftharpoons X_2$$
$$X_2 + X_1 \rightleftharpoons X_3$$
$$\dots\dots\dots\dots\dots$$
$$X_{n-1} + X_1 \longrightarrow X_n$$

O último ato pode não ser reversível, uma vez que o oligómero nucleante, que atinge o seu tamanho crítico, continuará a crescer [39].

Um esquema semelhante para descrever a nucleação de partículas no PE de estireno, mas sem reversibilidade dos actos elementares, é apresentado em [37].

Os autores [37] assumem que o radical do ião sulfato (SO$_4$~), tendo ligado um certo número de moléculas de estireno (dentro de 10), precipita na água como um núcleo da nova fase. No entanto, esta hipótese não é consistente com os conceitos fundamentais da formação de novas fases, segundo os quais o raio mínimo do núcleo, no qual este pode existir e continuar a crescer numa solução supersaturada, é determinado pela seguinte condição:

$$\Delta\mu = 2v\gamma/r \quad (1.4)$$

onde γ - energia de superfície livre específica das interfases, v - volume específico das moléculas no botão, $\Delta\mu$ - diferença entre os potenciais químicos das moléculas no meio mãe e no botão.

Para um radical em crescimento, a equação 1.4 não é aplicável e a possibilidade de nucleação da fase polimérica é determinada pelo estado dos oligómeros formados no meio. Os oligómeros com um grupo iónico de sulfato e algumas unidades monoméricas diferem muito provavelmente nas suas propriedades tensioactivas, e atribuir a um oligómero constituído por 5 unidades monoméricas as caraterísticas de uma semente de nucleação, e a um oligómero com 4 unidades monoméricas o estatuto de solúvel molecular, é considerado extremamente duvidoso. A teoria moderna da nucleação [39] permite descrever os conceitos de superfície e de fase volumosa para os associados constituídos por várias moléculas, além de provar que a densidade de empacotamento das moléculas no associado corresponde à sua densidade na macropartícula.

Uma vez que a polimerização é um processo termodinamicamente favorável, $\Delta\mu$ é positivo em qualquer concentração de monómero na água. Mas, neste caso, a precipitação da fase polimérica na fase aquosa como resultado do crescimento de um centro ativo pode ocorrer quando a cinética das reacções radicais permite a propagação da cadeia até à transformação do macroradical numa bobina. Além disso, é necessário ter em conta o facto de o polímero ser solúvel no seu monómero, pelo que, no decurso do crescimento, o macroradical perde a sua solubilidade em água, tornando-se solúvel na fase monomérica, pelo que a precipitação do radical em crescimento na fase aquosa parece ser equivalente à sua dissolução em gotículas de monómero. Do exposto resulta que a polimerização do estireno em sistema de dispersão monómero-água, mesmo quando as possibilidades cinéticas de formação de bobinas de polímero são admissíveis, a solubilização do monómero, e assim a geração de partículas de polímero-monómero, dificilmente pode ser uma fase definitiva da formação de PMP.

Peppard [40], com toda a probabilidade, duvida da validade atribuída à possibilidade do oligómero de estireno, constituído por 5-10 unidades monoméricas, possuir as propriedades de uma semente de nucleação, como descrito em [37]. No entanto, considerou este mecanismo de formação de PMP uma possibilidade real apenas quando a cadeia cinética cresce até 30 unidades monoméricas. No entanto, não é difícil demonstrar que o radical primário do estireno, durante a sua existência na fase aquosa, tem tempo suficiente para ligar apenas uma ou duas moléculas de monómero.

O tempo de vida do radical estireno em crescimento (τ) em solução aquosa saturada de persulfato de potássio e o número de unidades monoméricas (m) a que se pode juntar durante esse tempo são iguais a

$$\tau = \frac{n}{K_i J} = \left(\frac{1}{K_i K_t I}\right)^{0.5} ;$$
$$m = K_p C_o \tau$$
(1.5)

em que K_i - constante de decomposição térmica do persulfato, K_p e K_t constantes de propagação e terminação da cadeia dos radicais de estireno, respetivamente, C_0 - solubilidade do estireno em água, I - concentração do iniciador, n - concentração estacionária dos centros activos.

A 50° C, $K_i = 10^{-6}$ s^{-1} ; $Kt = 3 \cdot 10^7$ dm^3/mol·s; $K_p = 125$ dm^3/mol·s [63];

$C_0 = 4 \cdot 10^{-3}$ mol/dm^3 [37, 41].

Os cálculos numéricos, para a concentração óptima de persulfato na água ([I] = 0,01 mol/dm^3), dão o seguinte resultado

m ≈ 1

Hansen e Ugelstad [37] permitiram o crescimento da cadeia até 10 unidades monoméricas. Esta conclusão baseia-se nos resultados da medição dos pesos moleculares dos polímeros na fase inicial da polimerização [42-44].

Fitch [35] assumiu que a maioria dos radicais de estireno em crescimento terminam numa fase muito precoce do crescimento. A formação de oligómeros com um comprimento de 10 unidades monoméricas foi explicada por ele como a possibilidade da existência de alguns radicais de longa duração na fase aquosa. Mas durante os primeiros 5 minutos de polimerização, a concentração de tais oligómeros na água atinge apenas $3 \cdot 10^{-9}$ mol/dm^3 e dificilmente pode ser medida, ou, além disso, distinguida dos outros oligómeros (a concentração total de oligómeros atinge neste momento o valor de $3 \cdot 10^{-6}$ mol/dm^3). Portanto, há boas razões para acreditar que a formação de grandes moléculas e oligómeros de poliestireno em água não pode ser apenas o resultado de reacções radicais que ocorrem em solução aquosa saturada de persulfato de potássio.

De acordo com [45-47], a formação de partículas homogéneas pode ocorrer quando se procede à polimerização de monómeros pouco solúveis em água. Alexander sugeriu que a formação de PMP na EP de acetato de vinilo ocorre como resultado do crescimento da cadeia na fase aquosa [47] e o mecanismo deste processo é semelhante ao mecanismo de nucleação homogénea. Alexander, opondo o mecanismo micelar de formação de partículas ao homogéneo, salienta o facto de não se observar um ponto de travagem na curva EP do acetato de vinilo da taxa de polimerização em função da concentração do emulsionante [48]. Uma comparação das taxas de polimerização em emulsão, aquosa e em massa deste monómero [49] implica que a taxa de polimerização aquosa (homogénea) do acetato de vinilo é superior à dos outros dois casos, e a realização da polimerização em emulsão micelar pode alterar o mecanismo de formação de partículas na fase dispersa do polímero sem afetar a taxa do processo.

Alguns autores [50] consideram impossível a geração de partículas por mecanismo micelar, uma vez que o radical ião sulfato não consegue ultrapassar o potencial eletrostático superficial das micelas de monómeros engolidos para penetrar no seu volume. A este respeito, deve notar-se que os autores do modelo micelar não consideraram a penetração do radical primário na micela como um passo necessário. O centro ativo com um grupo de iões sulfato pode penetrar na micela após o primeiro ou segundo ato de adesão da molécula de monómero e a aquisição de propriedades de atividade de superfície. Se partirmos da solução micelar de equilíbrio do emulsionante, verifica-se que o aparecimento de radicais tensioactivos na água deve levar à formação de micelas mistas a partir de moléculas de emulsionante e de radicais oligoméricos.

Se a penetração do radical em crescimento na micela inchada de monómero é fácil de imaginar, não será esse o caso com a geração de PMP por floculação de micelas. Esta questão é discutida em pormenor no próximo capítulo.

Fitch [35,36] observou a formação de partículas na polimerização do metacrilato de metilo em solução aquosa diluída deste monómero. A polimerização foi acompanhada pela precipitação do polímero na fase aquosa. A formação de partículas de polímero, de acordo com Fitch, resulta da floculação intensiva dos radicais crescentes separados em água. Fitch acredita que a floculação dos radicais supera o potencial eletrostático da superfície e, depois de a densidade de carga da superfície das partículas atingir um determinado valor crítico, a floculação das sementes de nucleação é suspensa. O aumento adicional do diâmetro das partículas, de acordo com Fitch, ocorre como resultado da floculação das próprias partículas e como resultado da captura dos radicais em crescimento que ainda não se precipitaram na água.

Os modelos micelares e homogéneos de EP não consideram a existência de uma camada limite de monómero altamente desenvolvida perto da interface. No entanto, em sistemas água-monómero altamente dispersos, os processos que ocorrem na interface podem afetar significativamente a cinética das reacções químicas e o mecanismo de formação de PMP. Estas questões serão discutidas nos capítulos seguintes.

Capítulo 2

Geração de PMP na interface monómero-água

2.1. Topologia da geração de PMP no sistema estático monómero-água

Se, em tubos termostáticos, o estireno for colocado em camadas precisas sobre uma solução aquosa de K2S2O4, pode observar-se, em condições estáticas, a 50° C e após cerca de 1,5-2 horas, o aparecimento de turvação numa fase aquosa. Como resultado, a fase aquosa é convertida num látex estável (Fig. 2.1).

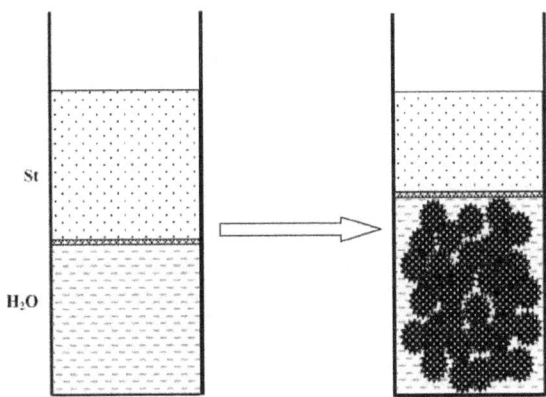

Fig. 2.1 Representação esquemática da conversão do sistema estático monómero-água no látex

A formação de partículas num sistema estático de estireno - solução aquosa de K2S2O4 foi também observada em [52, 53]. Nestes estudos os autores mediram o tamanho e o número de partículas produzidas durante a polimerização na fase aquosa. Estas medições revelaram uma diminuição drástica do número de partículas no final do processo (diminuindo mais de 10 vezes). Os autores acreditam que este facto é uma consequência da floculação das partículas.

A turvação da fase aquosa também é observada quando a polimerização é iniciada por iniciadores solúveis em óleo (por exemplo, 2,2'-Azo-bis-isobutironitrilo (AIBN)). Neste caso, a turvação ocorre muito mais tarde do que no caso de iniciadores solúveis em água, e a fase aquosa é transformada numa dispersão instável. Preliminarmente, pode assumir-se que, num sistema estático, o estireno se difunde para a fase aquosa e a formação de partículas ocorre nesta fase por mecanismo de nucleação homogénea. Para verificar esta hipótese, a polimerização do estireno foi efectuada num tubo em forma de U, em que o estireno foi colocado em camadas sobre água num braço e o iniciador em pó foi adicionado ao outro [51]. Neste sistema, as moléculas de AIBN foram capazes de se decompor na água em radicais primários e interagir com o estireno. Por outro lado, na ausência da formação de partículas na água e quando estas são geradas na interface, nesta série de experiências, esperava-se que a turbidez começasse perto da interface. De facto, aqui, e após 14-15 horas de incubação, a turvação foi observada numa camada estreita na interface monómero-água (Fig. 2.2).

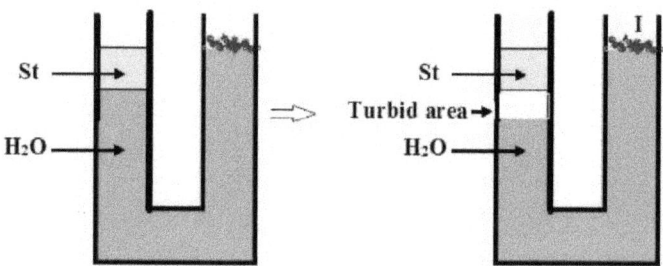

Figura 2.2 Topologia do mapa de turbidez da fase aquosa num sistema trifásico de estireno-água-AIBN(1)

Subsequentemente, a turvação espalha-se para baixo e, eventualmente, ao contrário do sistema de duas fases, forma-se uma dispersão estável com um tamanho de partícula de 250 nm. Os resultados das experiências no sistema trifásico refutam a suposição feita sobre a possibilidade de geração de partículas na fase aquosa, e indicam claramente que a geração de partículas está localizada na interface das fases em massa. A estabilidade das partículas de látex no sistema trifásico estireno-água- AIBN pode estar relacionada com a possibilidade de iniciar a polimerização por radicais HO, sendo observados grupos estabilizadores OH na superfície das partículas dispersas. A síntese de radicais HO e a iniciação radicalar do monómero na água podem ocorrer na fase aquosa da seguinte forma:

$$H_3C-\underset{\underset{CH_3}{|}}{\overset{\overset{CN}{|}}{C}}-N=N-\underset{\underset{CH_3}{|}}{\overset{\overset{CN}{|}}{C}}-CH_3 \longrightarrow N_2 + 2\ H_3C-\underset{\underset{CH_3}{|}}{\overset{\overset{CN}{|}}{C}}\cdot$$

$$H_3C-\underset{CH_3}{\underset{|}{C}}(CN)\cdot + HOH \longrightarrow 2\ H_3C-\underset{CH_3}{\underset{|}{CH}}(CN) + HO\cdot$$

$$HO\cdot + M\ (monomer\ molecule) \rightarrow HOM\cdot$$

Ao procurar experiências para realizar uma observação direta da geração de partículas em zonas separadas do sistema estireno-água, foi sugerido que, ao aumentar a densidade da fase aquosa, se pode conseguir um maior prolongamento do tempo de residência das partículas na zona da sua geração [51, 54,55].

Uma maneira de aumentar a densidade da fase aquosa, sem aumentar o número de componentes no sistema, é aumentar a concentração de persulfato de potássio na água, o que reduz a probabilidade de geração de partículas no volume da fase aquosa (esse aspecto reduz a razão estatística de radicais de crescimento longo na água). Mas o persulfato de potássio, para além do seu papel como iniciador da polimerização, pode ter um efeito desestabilizador no sistema como eletrólito. Um efeito semelhante pode ser devido a outras impurezas iónicas. Para além de tudo o que foi mencionado acima, a deslocalização de partículas da zona da sua geração pode ocorrer como resultado de flutuações de temperatura. Por estas razões, as experiências em [51] requerem um elevado grau de pureza e condições em que os desvios aleatórios de temperatura devem ser reduzidos ao mínimo. As experiências foram efectuadas em tubos de fundo plano, que são colocados na tampa de aparelhos de cristalização concebidos para produzir cristais a partir de soluções em condições isotérmicas. Estes dispositivos são concebidos para trabalho contínuo a longo prazo e estão equipados com um relé eletrónico que fornece ao sistema uma temperatura constante de alta precisão [56].

Para obter K2S2O8 de elevada pureza, num aparelho de cristalização, foram postos a crescer monocristais do sal.

Antes de iniciar as experiências, as soluções aquosas de estireno e K2S2O8 foram aquecidas em separado. Em seguida, o estireno foi cuidadosamente colocado sobre a superfície da fase aquosa, sem a perturbar. A concentração de K2S2O8 variou de 0,05 a 3,0 w%. A altura da fase aquosa em todos os tubos foi ajustada em 60 mm e o diâmetro dos tubos foi de 28 mm. No tubo em que a concentração de persulfato era de 2%, foi observado o padrão específico de turvação da fase aquosa. Primeiro, a turvação apareceu como uma camada limite estreita do lado da fase aquosa na interface e, depois, intensificou-se em toda a frente que se estendia para baixo (Figura 2.3). A restante turvação dos tubos foi observada em todo o volume da fase aquosa.

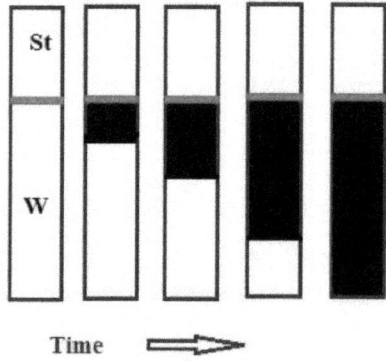

Fig.2.3 Dinâmica de propagação da turbidez na fase aquosa num sistema estático de estireno-2% de solução aquosa de persulfato de potássio (W)

Esta imagem de turvação local da fase aquosa foi reproduzida com várias concentrações de persulfato de potássio próximas de 2%. Pequenas variações na concentração de sal, a partir do valor estabelecido nesta experiência, levaram a um alargamento extensivo da zona de turvação inicial na fase aquosa.

A densidade da solução aquosa a 2% de $K_2S_2O_8$ a 50 °C é de 1,014 g/cm^3, que é muito inferior à densidade do poliestireno (1,05 g/cm^3) e permite supor que as partículas dispersas são geradas sob a forma de microgotículas de monómero.

Os resultados obtidos mostram diretamente que, ao criar um ajuste do gradiente de densidade da fase aquosa, seria possível obter concentrações de partículas a uma altitude abaixo da qual a densidade da fase aquosa será superior à densidade do PMP.

O gradiente de densidade numa fase aquosa foi gerado através da dissolução contínua de persulfato de potássio em água, em simultâneo com a polimerização do estireno no sistema de três fases: monómero - água - monocristal de K2S208 (Fig. 2.4). À semelhança do que foi referido anteriormente, o nível de altura da fase aquosa era de 60 mm e o diâmetro dos tubos de 28 mm. Em todas as séries de experiências, após cerca de 120130 min, observa-se um anel turvo no meio da fase aquosa a uma distância de 30 mm da superfície do monocristal (Figura 2.4).

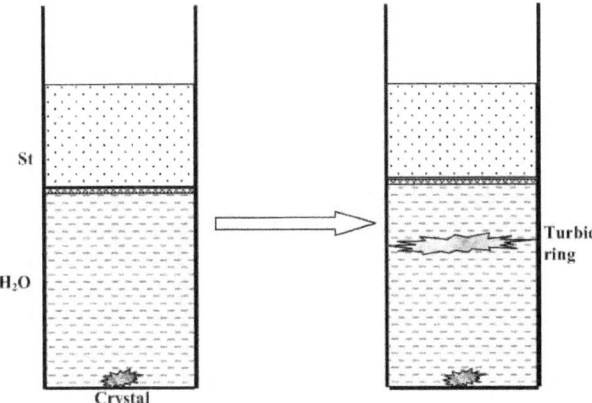

Fig.2.4   A polimerização do estireno no sistema trifásico monómero - água - persulfato de potássio monocristalino.

Após o aparecimento dos referidos anéis, a turbidez distribui-se na região entre o anel e a interface monómero-água, enquanto a zona entre o anel e o monocristal de superfície se mantém durante todo o tempo em que o processo de dissolução do sal ainda está em curso.

Poder-se-ia supor que a turvação local se deve à heterogeneidade da reação de iniciação em vários níveis da fase aquosa. Para testar esta hipótese, dissolveu-se persulfato de potássio em água e, para criar um gradiente de densidade, substituíram-se os cristais de persulfato de potássio por cristais de sulfato de potássio. A imagem da formação do anel de turbidez foi reproduzida.

Noutra série de experiências, o metanol foi dissolvido em estireno para criar um gradiente de densidade significativo na fase aquosa [54,55]. Os volumes das fases de estireno, metanol e aquosa foram de 2, 5 e 30 ml, respetivamente, e a temperatura das experiências foi de 60°C. A dinâmica da turvação da fase aquosa foi fotografada. Os resultados são apresentados na Fig. 2.5. Estas imagens mostram claramente a dinâmica do processo de acumulação de partículas no sistema: primeiro, estão localizadas numa zona estreita da fase aquosa perto da interface monómero-água, depois mergulham gradualmente nas profundezas da fase aquosa. Obtêm-se imagens análogas substituindo o estireno e o acetato de vinilo (Figura 2.6). No caso da polimerização do acetato de vinilo, existe uma probabilidade de formação de um fluxo paralelo das partículas de polímero na fase aquosa. No entanto, parece que na fase inicial da polimerização a concentração de acetato de vinilo na água é baixa e, assim, a nucleação das partículas ocorre maioritariamente na interface (Figura 2.6).

As densidades das diferentes zonas da fase aquosa no momento do aparecimento da camada de turbidez são apresentadas na Figura 2.7

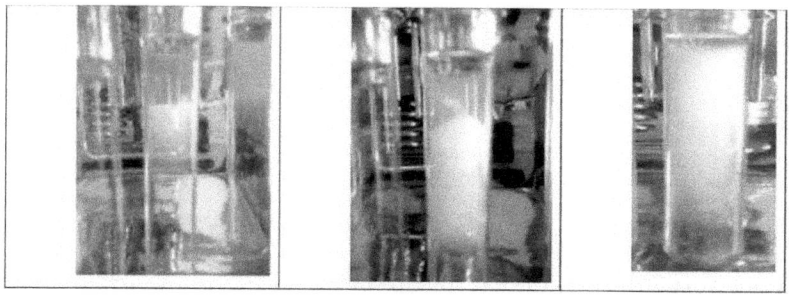

Fig.2.5   Dinâmica da formação de látex no sistema estático estireno - solução aquosa de persulfato de potássio na presença de metanol

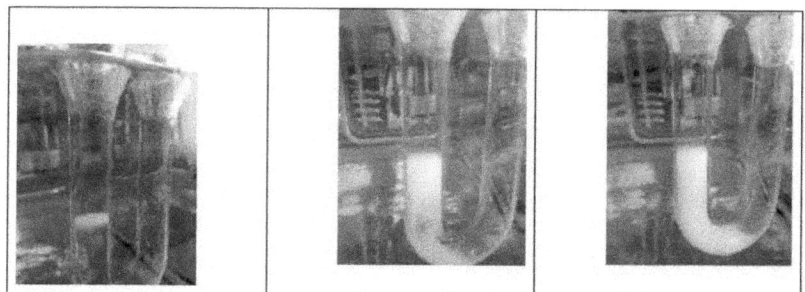

Fig.2.6 Dinâmica do látex num sistema estático vinilacetato - solução aquosa de persulfato de potássio na presença de metanol

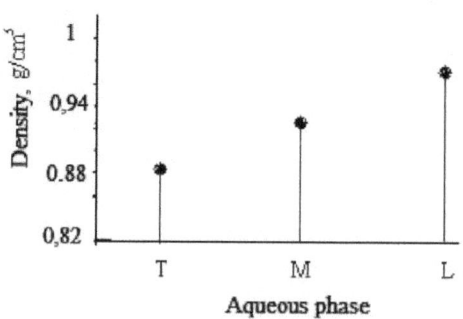

Fig.2.7   Densidade em diferentes zonas da fase aquosa num sistema estático monómero (acetato de vinilo, estireno) - solução aquosa de persulfato de potássio no momento do aparecimento de turvação na fase aquosa (T - Topo, M - média L - zona inferior da fase

aquosa).

Comparando as densidades em diferentes zonas da fase aquosa com o valor da densidade do poliestireno e do acetato de polivinilo (1,06 e 1,15 g/cm^3 respetivamente), mais uma vez podemos ver que nas fases iniciais da polimerização, as partículas dispersas não são mais do que microgotículas de monómero contendo uma certa quantidade de moléculas de polímero.

Quando o metanol é introduzido, existe a possibilidade de alterar o mecanismo de decomposição do persulfato de potássio em radicais livres [57]:

1. $S_2O_8^{2-} \rightarrow 2\ SO_4^{-\bullet}$
2. $SO_4^{-\bullet} + CH_3OH \rightarrow HSO_4^- + {}^\bullet CH_2OH$
3. ${}^\bullet CH_2OH + S_2O_8^{2-} \rightarrow HSO_4^- + SO_4^{-\bullet} + CH_2O$

Para evitar esta alteração, numa outra série de experiências, o metanol foi substituído por etanol.

Os resultados são apresentados nas Fig. 2.8 e 2.9. Estas figuras mostram que, com uma possível alteração no mecanismo de iniciação da polimerização na fase aquosa, a dinâmica local da imagem topológica das zonas de turvação locais na fase aquosa não é alterada

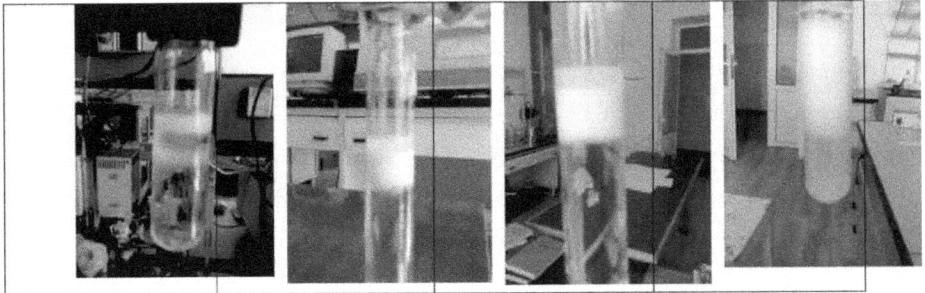

Fig.2.8 Dinâmica da formação de látex num sistema estático de solução de estireno em solução etanol-água de persulfato de potássio.

As experiências ilustradas acima tornaram possível observar visualmente a acumulação de partículas nas zonas individuais da fase aquosa. No entanto, é difícil assumir que devem existir condições estritamente de fronteira para a acumulação das partículas na zona da sua geração. O tempo de residência das partículas na interface deve estar em dependência funcional da densidade da água e da taxa de polimerização na partícula e, com uma melhor precisão das medições, *esta dependência pode ser detectada experimentalmente.*

Resumindo os resultados das experiências descritas, podemos concluir que a interface monómero-água é uma das áreas de nucleação de partículas na polimerização em sistemas heterogéneos estáticos.

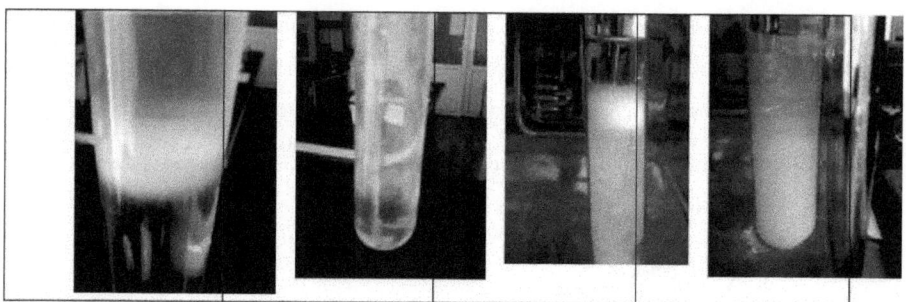

Fig.2.9 Dinâmica do látex num sistema estático solução de vinilacetato em solução etanol-água de persulfato de potássio.

2.2. O mecanismo de geração de PMP na interface monómero-água

Para formar no sistema monómero-água uma nova superfície de interface (por exemplo, microgotículas ou gotículas de monómero) é necessária uma fonte de energia para cumprir esta tarefa.

Em sistemas heterogéneos, pode ser criada uma nova superfície através da deformação elástica das superfícies interfaciais existentes quando alguma quantidade de material é transferida de uma fase para outra, criando na superfície protuberâncias e/ou reentrâncias. A nova superfície pode também dividir cada uma das fases em pequenas partículas. Se ambas as fases forem líquidas, o trabalho mínimo para criar uma superfície unitária para todos os métodos conhecidos é o mesmo e é determinado apenas pela temperatura e pelo potencial químico das fases em contacto [58]. Daqui resulta que, se o calor de polimerização libertado na interface for capaz de transferir alguma quantidade de monómero para a fase aquosa, também se pode assumir que a reação de polimerização pode deformar a interface da superfície e dispersar o sistema. Se partirmos de um estado de equilíbrio inicial do sistema, a transferência de uma certa quantidade de monómero para a fase aquosa saturada de monómeros é equivalente à saturação excessiva da água por moléculas de monómero. Neste caso, é de esperar a nucleação de microgotículas de monómero na fase aquosa, na vizinhança da interface.

Para calcular a força motriz, no âmbito da reação de polimerização, para dispersar o sistema monómero-água, é possível utilizar o valor da energia livre específica da interface e assumir que a área ocupada por uma molécula do monómero na interface é igual a 1/4 da sua superfície [60]. Então, a energia livre de superfície por molécula do monómero será igual a

$$E = \gamma/4\pi r^2 \quad (2.1)$$

onde r é o raio da molécula do monómero (para o estireno ≈ $2·10^{-10}$ m), γ - a tensão superficial na interface monómero - água (energia livre de superfície específica).

Para estireno

$$\gamma = 33 \text{ mJ/m}^2 \text{ [41]} \quad (2.2)$$

e

$$E \approx 4·10^{-18} \text{ mJ} = 4 \cdot 10^{-14} \text{ erg} \quad (2.3)$$

Para que a molécula de estireno deixe a interface e se difunda para a fase aquosa é necessária uma quantidade de energia que é três vezes múltipla de $4·10^{-14}$ erg, uma vez que a área restante de 3/4 da molécula de estireno está associada a moléculas adjacentes na fase de monómero a granel (Fig. 2.10).

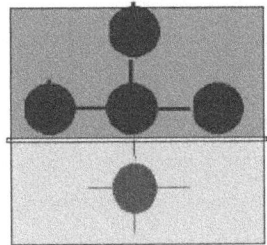

Fig. 2.10 Um esquema que mostra que apenas 1/4 da área da molécula do monómero está ocupada na interface

O calor de reação libertado na polimerização radicalar evoluída é aproximadamente igual a 20 kcal /mol, o que equivale aproximadamente a 1,4 - 10 erg / molécula.

Assim, um sistema monómero-água com cada ocorrência de um centro ativo de polimerização, 10 moléculas de monómero, pelo menos, podem deixar a superfície na zona de interface e entrar na fase aquosa saturada de monómero. Na água, as moléculas de hidrocarbonetos não-polares tendem a associar-se e, para que surjam microgotículas estáveis, é necessária apenas uma pequena sobre-saturação [61].

O destino posterior das microgotículas depende da composição química da fase aquosa. Em água pura, as microgotículas são floculadas, sujeitas a sedimentação inversa e fundem-se com a fase monomérica. No caso da presença de surfactantes, as microgotículas podem ser estabilizadas e formar uma emulsão estável. A estabilização das microgotículas de monómero pode também ser efectuada por grupos terminais iónicos de sulfato de radicais em crescimento.

A possibilidade de formação de microgotículas devido à polimerização do monómero na interface água-monómero também decorre da dependência da tensão interfacial γ com a temperatura [60].

$$\gamma = \gamma_0 (1 - T/T_c)^n \qquad (2.4)$$

onde n - constante dependente da natureza do composto (para líquidos orgânicos $n = 11/9$) [60], γ_0 - tensão interfacial inicial, Tc - temperatura crítica do líquido (quando $T = T_c$ observa-se uma mistura de fases). Como se depreende de 2.4, um aumento da temperatura conduz a uma diminuição significativa de γ. Assim, em cada ato de libertação de calor da reação, ocorre uma mistura parcial dos líquidos em determinadas zonas da interface. Na presença de substâncias estabilizadoras, este processo será irrevogável e conduzirá à formação de microgotículas de fluidos entre si.

A dispersão do sistema monómero-água em emulsões micelares conduzirá certamente ao desaparecimento das micelas. De acordo com a teoria termodinâmica da formação de micelas, as micelas em água ocorrem quando a concentração de moléculas de emulsionante dissolvidas é superior à concentração micelar crítica (CMC). Na CMC, os potenciais químicos das moléculas de emulsionante na água μ_w e das micelas μ_m estão alinhados e o equilíbrio do sistema é estabelecido:

$$\mu_w = \mu_m \qquad (2.5)$$

Uma condição necessária para o desaparecimento das micelas é reduzir a concentração do emulsionante na água e violar as condições de equilíbrio (2.5). Obviamente, este é o caso quando ocorre a adsorção de um emulsionante da fase aquosa na superfície das partículas dispersas.

A fim de clarificar o mecanismo de estabilização das microgotículas de monómeros num sistema estático estireno-solução aquosa de persulfato de potássio, foi concebido um método eletroquímico para a deteção de moléculas orgânicas bifílicas numa solução electrolítica aquosa [51]. Na procura de métodos eficazes de deteção de tais moléculas, os autores prestam especial atenção à elevada sensibilidade da capacidade da dupla camada eléctrica do elétrodo de platina à presença de soluções aquosas electrolíticas de hidrocarbonetos [62-64]. Estes trabalhos mostraram que, através da medição contínua deste parâmetro, é possível detetar as reacções que conduzem à formação de oligómeros de estireno numa solução aquosa de persulfato de potássio.

O esquema do aparelho em que foram efectuadas as medições electroquímicas é apresentado na Figura 2.11.

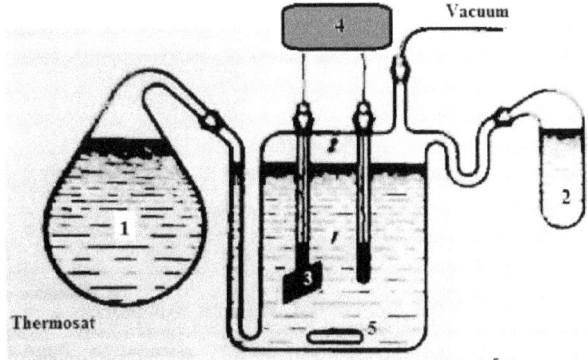

Fig. 2.11. Esquema da célula de polimerização eletroquímica:

1- fase aquosa, 2- fase monómero, 3- elétrodo de platina, 4- ponte AC, 5- agitador magnético. Princípio de funcionamento: Antes de colocar o monómero na fase aquosa, o sistema é libertado do oxigénio por congelação e descongelação sob vácuo. Após o estabelecimento da temperatura de funcionamento, procedeu-se a uma viragem suave consecutiva dos frascos 1 e 2 para o sistema célula-estireno-fase aquosa, após o que se iniciou a medição eletroquímica contínua utilizando a ponte AC 4.

A figura 2.12 mostra a variação da capacitância eléctrica do elétrodo duplo de platina imerso no sistema de fase aquosa do monómero - água. (valor da capacidade C0 no momento inicial da medição, C - num determinado momento)

As curvas 1 e 2 da Fig. 2.11 correspondem a medições em soluções aquosas de sulfato de sódio e persulfato de potássio, respetivamente, na ausência de substâncias orgânicas. A curva 3 corresponde à difusão do estireno na solução de sulfato de potássio e à sua adsorção na superfície do elétrodo. A curva 4 mostra a variação da capacitância da dupla camada eléctrica, com a difusão do estireno numa solução aquosa de $K_2S_2O_8$. A sobreposição das curvas 1 e 2 permite considerar que a diferença na capacidade de difusão do estireno em soluções aquosas de sulfato de sódio e persulfato de potássio se deve à formação de agentes activos de superfície numa solução aquosa de $K_2S_2O_8$.

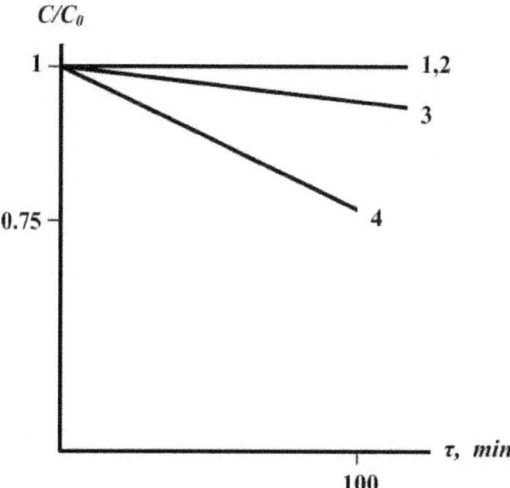

Figura 2.12. Dependência do rácio C/C0 em função do tempo. 1- solução aquosa de sulfato de potássio a 0,2 w%, 2- solução de persulfato de potássio a 0,2 w%, 3- fase água no sistema bifásico estireno - solução aquosa de sulfato de potássio a 0,2 w% 4- fase água no sistema bifásico estireno - solução aquosa de persulfato de potássio a 0,2 w%.

Mais tarde, em [65], mediu-se a tensão superficial em solução aquosa de persulfato de potássio de estireno durante a polimerização. Estes resultados são consistentes com os resultados apresentados na Figura 2.12.

Para avaliar as propriedades estabilizadoras dos oligómeros tensoactivos sintetizados na solução aquosa de estireno-persulfato, foram efectuados os cálculos do equilíbrio hidrofílico-lipofílico (HLB) das moléculas oligoméricas e dos radicais. A equação (2.6) para o cálculo do HLB é conhecida como equação de Davis [60] e é demonstrada:

$$HLB = 7 + nA - mB \qquad (2.6)$$

em que A e B são, respetivamente, números que caracterizam a hidrofilicidade dos grupos polares e a hidrofobicidade dos grupos alquilo da molécula orgânica, n e m são iguais aos números de grupos polares e não polares na molécula, respetivamente.

Os valores de A e B determinados experimentalmente para os diferentes grupos são dados em [60]. Estes dados sugerem que para o grupo SO_4 $A = 40,7$, e para os grupos CH_3 - , $-CH_2$ - e - C= $B = 0,475$. De acordo com o facto de a presença do anel de benzeno na molécula de estireno ser equivalente a 3,5 grupos metileno [66], B para o estireno pode ser calculado da seguinte forma:

$$B = (3.5 + 2) \cdot 0.475 = 2.6 \qquad (2.7)$$

Substituindo os valores numéricos de A e B em (2.6), foi derivada a seguinte equação para o HLB do radical estireno em crescimento:

$$\text{HLB} = 47.7 - 2.6\,m \qquad (2.8)$$

A Tabela 2.1 mostra as propriedades coloidais do tensioativo com os valores HLB [60]. Na Tabela 2.2, os valores de HLB do radical estireno em crescimento são calculados de acordo com a eq. (2.8).

Tabela 2.1. Escala do HLB

Solubilidade do tensioativo em água	HLB	Notas
Não dispersar	0	
Fraca dispersão	2	emulsionante do tipo água/óleo
	4	
	6	
Dispersão instável e lamacenta	8	
Dispersão lamacenta estável	10	reagente de humidificação
Solução translúcida ou transparente	12	Detergente
	14	
Solução translúcida ou transparente	14	emulsionante do tipo óleo/água
	16	
	18	

Tab.2.2. HLB do radical estireno em crescimento

m	1	10	11	13	14	15	16	17
HLB	45.1	21.7	19.1	13.9	11.3	8.7	6.1	3.5

Os dados das Tabelas 2.1 e 2.2 levam a crer que a estabilidade das microgotículas de monómero formadas se deve à presença de grupos terminais iónicos S04 nas moléculas de polímero (na polimerização do estireno em solução aquosa de $K_2S_2O_8$, o comprimento médio da cadeia cinética é de até dois).

Como já foi referido neste capítulo, nos sistemas líquidos heterogéneos, independentemente do modo de formação de uma nova interface, a energia consumida para o efeito permanece a mesma, razão pela qual não podemos excluir que a reação de polimerização que ocorre na interface monómero-água possa conduzir a um mecanismo diferente de dispersão do sistema. O ponto principal que pretendemos mostrar neste capítulo é que tal processo pode ocorrer diretamente na interface.

Capítulo 3

Zonas de polimerização num sistema monómero-água altamente disperso

3.1. Descrição física e química da interface monómero - água.

O PMP ou a gota de monómero deve ter pelo menos duas zonas de polimerização qualitativamente diferentes. Este requisito decorre da termodinâmica dos sistemas heterogéneos, segundo a qual no sistema de dois líquidos imiscíveis - como mencionado acima, sistemas gota de monómero-água ou PMP-água - é necessário diferenciar a fase homogénea e a zona fronteiriça, atribuindo a esta última uma determinada espessura de camada [67,68]. Esta espessura de camada é referida como uma distância da interface dentro da qual os parâmetros dos líquidos são consideravelmente diferentes dos das suas fases a granel [68].

A espessura da camada limite pode ser determinada por diferentes parâmetros, e é óbvio que depende do parâmetro selecionado. Utilizando métodos de mecânica estatística [68], foi introduzida uma fórmula assintótica que descreve as alterações na densidade do líquido em função da distância h da interface e, através desta fórmula, foi determinada a espessura da camada limite:

$$\rho = \rho_0 + \frac{\pi \rho_0^2 x_0 (B'\rho' - B\rho_0)}{6} \bullet \frac{1}{h^3} \quad (3.1)$$

Onde ρ_o é a densidade e χ_o - a compressibilidade isotérmica do líquido; B e B' são constantes de interação de Van der Waals entre as próprias moléculas do fluido, bem como as suas interações com as moléculas da outra fase, ρ - densidade do fluido na camada limite, ρ' - a densidade da outra fase.

Para o sistema estireno-água $\rho' > \rho_0$ e com B', $\rho' > B\rho_0$ na interface monómero-água, a densidade do monómero na interface tem de ser superior à sua densidade aparente e a polimerização nesta camada tem de ocorrer a uma taxa mais elevada. É importante que a espessura das camadas superficiais das fases individuais, definida pela equação (3.1), seja um parâmetro de estado e dependa das variáveis termodinâmicas do sistema (temperatura, pressão, potenciais químicos, etc.).

Quando a reação de polimerização do monómero tem lugar na camada limite, o efeito cinético do sistema monómero-água altamente disperso depende também da taxa de renovação das camadas superficiais.

Quase todos os monómeros que podem ser polimerizados em emulsões têm um momento de dipolo permanente e, em contacto com a água, a interação dipolo-dipolo entre as moléculas de monómero e a água resulta na formação de um arranjo de moléculas que corresponde à sua energia de interação máxima. Estas interações entre as moléculas do monómero e da água constituem uma multidão para o movimento térmico, embora a tendência das moléculas dos líquidos para se orientarem na interface seja uma das diferenças qualitativas entre o seu arranjo aqui e nas fases a granel.

Os efeitos de orientação na interface líquido-líquido aumentam consideravelmente na presença de grupos polares nas moléculas do monómero [68], o que leva a uma diminuição da entropia da superfície [59].

As investigações básicas de Adamson dedicadas às interações intermoleculares na interface hidrocarboneto-água mostraram que as interações dipolo-dipolo e dipolo-polarização têm uma influência decisiva no estado energético das moléculas na vizinhança da interface. Devido a estas interações, a interface hidrocarboneto aromático-água está altamente sujeita a alterações estruturais, em resultado das quais se formam compostos de clatratos [60].

A partir do material anterior, pode concluir-se que os sistemas heterogéneos monómero-água têm pelo menos três zonas de polimerização qualitativamente diferentes:

- no volume da fase monomérica (α - zona)
- na camada limite da fase monomérica (σ - zona)
- na solução aquosa do monómero (β - zona)

Dependendo da natureza do monómero e do iniciador, a probabilidade de ocorrência de actos de polimerização elementares individuais nas zonas acima mencionadas difere de uma zona para outra. Para a investigação experimental dos processos que ocorrem em cada uma destas áreas, é necessário selecionar os componentes e as condições sob as quais será fornecida a maior probabilidade de proceder a certos actos de polimerização na área selecionada.

Obviamente, para a deteção de efeitos cinéticos associados ao desenrolar de certas reacções de polimerização na zona σ - será necessário realizar o processo em sistemas com uma interface altamente desenvolvida. Infelizmente, tais sistemas não podem ser obtidos sem a utilização de emulsionantes. Por esta razão, para evitar reacções químicas entre o emulsionante e os componentes do sistema, é necessário escolher um emulsionante inerte. Além disso, é necessário expor os componentes do sistema a um tratamento de purificação especial e provar experimentalmente a ausência de uma influência de impurezas não controladas na cinética do processo.

3.2. A polimerização na camada limite de monómero.

Uma vez que a energia livre de superfície das moléculas é constituída aditivamente pelas energias livres locais dos seus constituintes [60], as moléculas de monómeros na interface assentam de forma a que a sua energia livre seja mínima. Sabe-se também que, aquando da dissolução de hidrocarbonetos com ligações insaturadas e anel aromático em água, a entalpia das suas moléculas aumenta ligeiramente. Este aspeto está relacionado com a interação das moléculas de água com os electrões π dos orgânicos [69,70]. Como resultado, as moléculas dos monómeros diénicos "deitam-se" na superfície da água, de modo a que as ligações duplas tenham melhor oportunidade de contactar com as moléculas de água (Figura 3.1).

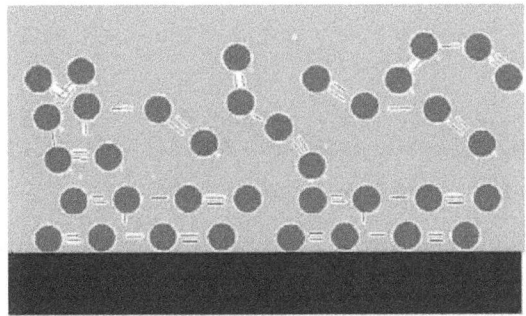

Figura 3.1 Esquema da orientação das moléculas de cloropreno na superfície da água

É necessário ter em conta o facto de a energia das interações intermoleculares na fase aquosa ser determinada principalmente pelas ligações de hidrogénio, que não têm qualquer influência na interação água-hidrocarboneto. Esta interação é devida apenas a forças de dispersão [71, 72].

Do que precede resulta que, para detetar os efeitos da orientação na cinética do PE, a polimerização de dienos é investigada utilizando como emulsionantes os tensioactivos cuja interação com a água se deve apenas a ligações de hidrogénio. Os álcoois polioxietilados de cadeia longa podem servir aqui como tensioactivos desta classe [66, 73].

Para detetar os efeitos da orientação, foi estudada a polimerização térmica do cloropreno na presença de emulsionantes de natureza diferente [51].

A figura 3.2 mostra os resultados das medições dilatométricas do cloropreno

Taxa EP sob iniciação térmica e química do processo. Os resultados destas medições mostram que o fluxo da polimerização térmica do cloropreno na emulsão tem lugar na presença de emulsionantes iónicos e não iónicos.

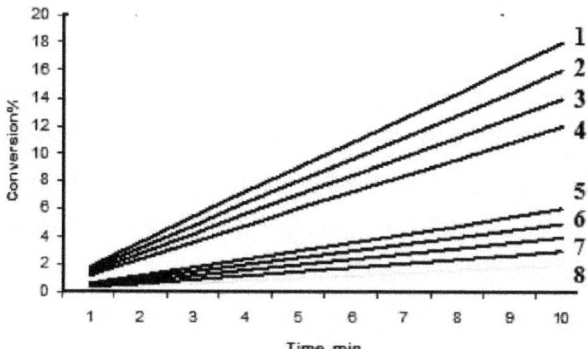

Figura 3.2. A dependência da conversão de cloropreno no tempo em diferentes receitas de EP: a razão monómero:fase aquosa é 1:3, a temperatura de polimerização é 50°C.

Iniciador: 1- persulfato de potássio (0,5% w da fase aquosa); 2,3,4 - AIBN (1% w do monómero); 5,6,7,8 - iniciação térmica.

Emulsionante: 1,3,7 - álcool octadecílico etoxilado; 2,6- mistura de álcool octadecílico etoxilado e alquilsulfonato de sódio; 4,5 - álcool cetílico etoxilado com um grau de etoxilação igual a 35; 8 - mistura de álcool cetílico etoxilado com um grau de etoxilação igual a 35 e alquilsulfonato de sódio

A pureza dos produtos é de importância essencial para a investigação experimental da polimerização térmica. É por isso que tanto o cloropreno como os emulsionantes são submetidos a uma purificação especial.

Cloropreno - duplamente rectificado, a segunda retificação é efectuada numa coluna de laboratório com 12 pratos, sendo depois polimerizado em massa em atmosfera de azoto até 20-25% de conversão, após o que é destilado em atmosfera de azoto. No cromatograma do cloropreno purificado e dos emulsionantes não foram detectadas impurezas. A iniciação térmica do cloropreno purificado em massa não foi observada durante 1 hora.

Tendo em conta o facto de que o oxigénio é uma das impurezas incontroláveis que pode iniciar a polimerização, foram realizadas experiências tanto em condições atmosféricas como após a aspiração repetida do sistema. Em todos os casos não foi observada polimerização térmica do cloropreno.

Sabe-se que os tensioactivos não-iónicos, como o álcool cetílico etoxilado, formam em solventes orgânicos soluções verdadeiras e em água soluções coloidais [73]. Este facto deve ser tomado em consideração aquando da escolha de um método de purificação do emulsionante. A solução a 10% de emulsionante em *n-butanol* foi lavada duas vezes com água bidestilada e, depois de se manter a camada de hidrocarbonetos, foi destilada. A segunda destilação é efectuada numa solução alcalina de permanganato de potássio. A condutividade da água duplamente destilada a 25 ° C foi igual a $3,4 \cdot 10^{-6}$ (ohm·cm)$^{-1}$.

Um dos factores que restringe a polimerização térmica é a natureza bi-radicalar das cadeias em crescimento, levando a uma rápida terminação intermolecular [74, 75]. No caso em que a polimerização se processa na interface monómero-água, os radicais têm tendência a crescer ao longo dessa interface, e este aspeto pode reduzir significativamente a possibilidade da reação de terminação. Além disso, os efeitos de orientação podem reduzir as restrições estéricas e permitir a participação simultânea de mais de duas moléculas de monómero no ato de iniciação (o que, por sua vez, também reduz a probabilidade de terminação quadrática intermolecular nas fases iniciais da formação de bi-radicais). O elevado peso molecular do policloropreno, sintetizado por polimerização térmica, que pode atingir $\sim 10^6$ a 10-15% de conversão do monómero, pode ser considerado como uma confirmação destas hipóteses [51, 76].

O progresso da polimerização térmica é altamente dependente da estrutura molecular do monómero e da sua atividade de polimerização [75]. Estes factores também determinam a orientação do monómero na camada limite do sistema monómero-água, que pode tanto promover como negar a iniciação térmica efectiva na camada limite. É também possível que a interação intermolecular das moléculas do monómero e do emulsionante não possa ser eliminada neste processo. Por estas razões, no caso de EP de monómeros vinílicos com os seus grupos funcionais ou aromáticos, seria difícil estimar a contribuição dos efeitos de orientação na iniciação térmica da polimerização. No entanto, a polimerização térmica do estireno na emulsão estabilizada por uma solução a 10% de álcool cetílico etoxilado, numa proporção de monómero:água igual a 1:3 a 60°C, é realizada a uma taxa de 4,2%/hora [13, 29] (na polimerização térmica em massa do estireno, a taxa do processo à mesma temperatura é de apenas 0,1%/hora) [74]).

Os resultados da polimerização térmica do cloropreno são completamente reproduzidos, o que não é o caso nas experiências com estireno. Poderá ser porque, mais do que os factores acima referidos, são necessárias condições mais rígidas para uma iniciação térmica eficiente da polimerização do estireno [74].

A elevada taxa de polimerização do monómero na camada limite do PMP em comparação com a taxa da sua polimerização no volume do PMP também é confirmada pela sua proporcionalidade inversa no raio da partícula. À medida que o tamanho da partícula diminui, aumenta a relação entre o número de moléculas de monómero na superfície da molécula (ou seja, na camada limite) e as moléculas no volume interior do PMP. A contribuição do primeiro para a determinação da taxa global do processo aumenta, e isso prevê o crescimento da taxa de polimerização, o que é observado nos resultados obtidos. Os dados relativos ao tamanho das partículas, ao seu número e à taxa de polimerização em diferentes rácios água:monómero estão ilustrados na Tabela 3.1. A partir destes resultados conclui-se que um aumento da taxa de polimerização com o aumento do volume da fase aquosa está associado a uma diminuição do diâmetro das partículas, uma vez que o número de partículas permanece aproximadamente o mesmo.

Tabela 3.1. Dependência do diâmetro das partículas de látex d (nm), do seu número /100 ml de fase aquosa, e da taxa de polimerização W (% de conversão do monómero / minuto) da razão fase água:monómero (φ).

φ	2 : 1	6:1	12 : 1	20 : 1	24 : 1
d	120	80	60	0.55	0.54
$N \cdot 10^{-16}$	6	6.4	7.7	6	5
W	0.4	1.17	2.4	4	4

A partir dos resultados experimentais demonstrados acima nesta secção, podem ser feitas as seguintes conclusões: No sistema água-monómero altamente disperso, a camada limite da fase monomérica é uma zona de polimerização qualitativamente diferente da sua parte a granel. Dependendo da natureza do monómero, a polimerização nesta zona pode fluir a taxas relativamente elevadas.

3.3. Possibilidade de actos elementares de polimerização na fase aquosa.

Ao iniciar a EP com persulfato de potássio, a probabilidade de formação de radicais primários na fase aquosa é incomparavelmente maior do que nas gotículas de monómero ou na interface (os electrólitos são inactivos à superfície e a sua presença na água aumenta normalmente a tensão interfacial do sistema).

O destino posterior dos radicais primários é determinado pelas caraterísticas do monómero e pela sua solubilidade em água, bem como pelo estado físico-químico do sistema.

A decomposição térmica do persulfato de potássio em água leva à formação de radicais iónicos, que no estado estacionário do PE podem iniciar pelo menos três reacções concorrentes:

1. $S_2O_8^{2-} \xrightarrow{K_1} 2SO_4^{-\bullet}$ (decay of persulfate)
2. $SO_4^{-\bullet} + M \xrightarrow{K_2} SO_4^- M^\bullet$ (initiation of monomer radicals)
3. $SO_4^{-\bullet} + HOH \xrightarrow{K_3} HSO_4^- + HO^\bullet$ (reaction with molecules of water)

onde M - molécula de monómero em água. Existe ainda uma quarta possibilidade:

1. adsorção na superfície de partículas dispersas

As reacções 1 e 3 foram estudadas em [57, 77]. De acordo com estes trabalhos, os radicais iónicos em água a 50°C, $K1 = 10^{-6}$ s^{-1} e na ausência de outros substratos reagem com a água de acordo com a reação 3.

A recombinação posterior dos radicais OH liberta oxigénio

5. $2HO^\bullet \xrightarrow{K_3} H_2O + 0.5O_2$

Verificou-se também que o mecanismo da reação 3 pode variar em função do pH da fase aquosa [57, 77].

O progresso da reação 3 na emulsão monómero-água foi confirmado experimentalmente em [78, 79], de acordo com estas investigações nas moléculas de polímero, juntamente com os grupos SO4, os grupos hidroxilo também foram detectados como grupos terminais. Como seria de esperar, estes resultados indicam que a reação 4 perde competitivamente para as reacções 2 e 3, uma vez que a capacidade de adsorção do ião sulfato-radical não deve diferir da do S O$_{28}^{2-}$. No entanto, após o primeiro ato de adesão dos radicais iónicos à molécula de monómero, a situação muda radicalmente: os radicais do tipo -M e HO-M são na realidade tensioactivos e a taxa de adsorção pode ser equiparada à frequência de colisão destes radicais com as gotículas de monómero. As constantes da taxa de adsorção destes radicais na superfície das partículas dispersas serão inferiores à constante da sua colisão por difusão quando a carga na superfície da gota cria uma barreira de potencial eletrostático para a adsorção. No entanto, como foi demonstrado em [37], nos sistemas sem emulsionantes, bem como em sistemas com baixas concentrações de emulsionantes iónicos, os radicais oligoméricos são adsorvidos nas gotículas de monómero e no PMP com a velocidade da sua colisão por difusão.

Assim, em água, após o ato de união da primeira molécula de monómero ao radical primário, a constante de adsorção dos centros activos de polimerização na interface é aumentada, e a reação 4 pode ser competitiva com a reação de crescimento da cadeia em água. Para estabelecer esta competição, considere-se um sistema constituído por gotículas de monómero (zona α), uniformemente distribuídas na solução aquosa de iniciador saturada de monómero (zona β). Sejam V e V_β os volumes do monómero e da água, respetivamente, r - o raio da gota, φ - a razão entre os volumes da fase aquosa e do monómero:

$$\varphi = V_\beta / V_\alpha \qquad (3.2)$$

O volume de cada gotícula é $4\pi r^3/3$ e o seu número N por unidade de volume do sistema será igual a:

$$N = \frac{3V_\alpha}{(V_\alpha + V_\beta)4\pi r^3} = \frac{3}{4\pi r^3 (1+\varphi)} \qquad (3.3)$$

A taxa de absorção do radical na superfície das gotículas é

$$Z = 4\pi r^* D N \qquad (3.4)$$

onde r^* - raio resultante das gotículas de monómero e do radical em crescimento, ($r^* \sim r$), e D - a soma dos coeficientes de difusão. A taxa de crescimento, W, é igual à taxa de crescimento do radical

$$W = K_p C_r \qquad (3.5)$$

em que: C_r - solubilidade do monómero em água a um dado r, K_p - constante de propagação da cadeia.

É necessário determinar a condição em que o radical monómero é adsorvido na superfície das partículas dispersas antes de poder crescer na fase aquosa.

Substituindo o valor de N de (3.3) para (3.4) e dividindo (3.4) por (3.5), obtém-se a seguinte equação:

$$\theta = \frac{Z}{W_p} = \frac{3D}{K_r C_r r^2 (1+\varphi)} \qquad (3.6)$$

Onde: θ - liga quantitativamente os parâmetros que definem o estado de um sistema coloidal (φ, r) e a possibilidade de propagação cinética da cadeia na fase aquosa (K_p, C_r)

Antes de procedermos à análise da equação (3.6), notamos que a solubilidade do monómero em água depende de r. Esta dependência é expressa usando a equação de Kelvin [80].

$$\ln\left(C_r/C_0\right) = 2V_m\gamma_r / RTr \qquad (3.7)$$

onde $C0$ - solubilidade do monómero em água na ausência de fase monomérica, γ_r - tensão interfacial de um dado r; o volume V_m - volume molar do monómero; T- temperatura absoluta; R - constante dos gases. A dependência de γ_r em relação a r, de acordo com [60], é a seguinte:

$$\gamma_r/\gamma_0 = \frac{1}{1+2\sigma/r} \qquad (3.8)$$

Onde: σ - constante da ordem de 10-8 cm, e γ_0 - tensão interfacial em $r = \infty$. A partir de (3.7) e (3.8), pode-se derivar (3.9):

$$C_r/C_0 = \exp\left(\frac{2\gamma V_m}{RT(r+2\sigma)}\right) \qquad (3.9)$$

O gráfico desta dependência para o estireno é apresentado na Fig. 3.3. Verifica-se que, desde que estejam presentes gotículas de estireno cujo raio seja substancialmente superior a 10 nm, podemos considerar que $c_r = c_0$. No caso do acetato de vinilo e do cloropreno, a dependência de C_r/C_{0em} relação a r é afetada para valores inferiores do raio das gotículas.

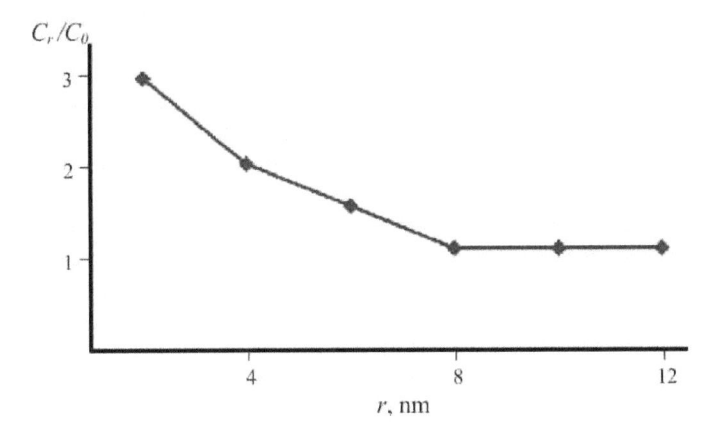

Figura 3.3 A dependência da solubilidade em água do raio das gotículas de estireno.

Utilizando θ para cada monómero (K_p e C_r) condições (r e φ) em que a polimerização se processaria de acordo com um dado mecanismo topológico.

Analisando este aspeto de acordo com três monómeros diferentes - estireno, cloropreno e acetato de vinilo (VA), obtêm-se os seguintes dados:

Estireno: A constante de propagação do radical estireno foi determinada por muitos autores. Em [75,81,82] a 50°C K_p = 125-176 dm³ ·(mol·s)⁻¹. Na teoria da formação homogénea de partículas [37] o valor de K_p para radicais oligoméricos tem o valor 380 dm³ ·(mol·s)⁻¹, C_0 = 4·10⁻³ mol·dm⁻³ e $K\,C_{p0}$ = 1,5 s.⁻¹

Cloropreno: Para o cloropreno, a 35°C, K_p = 423 dm³ ·(mol·s)⁻ 1 [83], C_0 = 10⁻² mol·dm⁻³ [84] e $K\,C_{p0}$ = 4,23 s.⁻¹

Acetato de vinila: K_p = 1860 dm³ ·(mol·s)⁻¹, C_0 = 0,3 mol·dm⁻³ [49], $K\,C_{p0}$ = 560 s.⁻¹

Ao escolher φ e r, é possível garantir que, para qualquer um destes monómeros, θ assume um valor superior ou inferior a 1. Se θ >> 1, os radicais em crescimento numa fase inicial de crescimento serão transferidos da água para as partículas dispersas. Quando θ << 1, a polimerização irá prosseguir numa solução aquosa do monómero.

Na Tabela 3.2 são apresentados os valores de θ para o estireno, o cloropreno e o acetato de vinilo calculados a partir da Eq. (3.6) para diferentes valores de φ e r.

Tabela 3.2 Dependência de θ no raio da partícula (r) para diferentes valores da razão fase aquosa:monómero (φ) para estireno (I), cloropreno (II) e acetato de vinilo (III).

I. Styrene			II. Chloroprene			III. Vinyl acetate		
φ	r, nm	θ	φ	r, nm	θ	φ	r, nm	θ
100	10	2·10⁴	100	10	7·10³	30	10	1.7·10²
	100	2·10²		100	70		100	1.7
	1000	2		1000	0.7		1000	1.7·10⁻²
	10000	2·10⁻²		10000	7·10⁻³	2	10	1.75·10³
50	10	4·10⁴	50	10	1.4·10⁴		100	1.75
	100	4·10²		100	140		1000	1.75·10⁻¹
	1000	4		1000	1.4			
	10000	4·10⁻²		10000	1.4·10⁻²			
2	10	6.6·10⁵	2	10	2.3·10⁵			
	100	6.6·10³		100	2.3·10³			
	1000	66		1000	23			
	10000	6.6·10⁻¹		10000	2.3·10⁻¹			

Nestes cálculos, D foi assumido como sendo igual a10⁻⁸ dm s²⁻¹, o que corresponde ao coeficiente de difusão dos radicais oligoméricos [37, 75].

Obviamente, como φ e r não podem ser alterados arbitrariamente. O limite inferior de φ pode ser considerado como $1/\varphi = 0,74$, o que corresponde ao empacotamento denso de gotículas de monómero de tamanho idêntico em água [60]. O valor máximo de φ deve corresponder à solubilidade do monómero em água.

O raio das gotículas por agitação mecânica pode atingir 1000 nm [2, 3]. O raio das micelas inchadas de monómero ($r = 10$ nm) é considerado como o limite inferior de r no cálculo [3].

Como se mostra na Tabela 3.2 (I) na polimerização do estireno em dispersão monómero-água, a probabilidade de reacções em cadeia em fase aquosa (zona β) aparece quando $r \gg 1000$ nm, nos outros casos, independentemente dos radicais φ não têm tempo para crescer e terminam por adsorção na superfície das gotículas de monómero.

No caso da polimerização do VA, a probabilidade de reação da propagação da cadeia na zona β é significativamente aumentada quando o raio das partículas é superior a 100 nm (Tab. 3.2 (III)).

Estes resultados mostram que quando o raio da partícula é inferior a 100 nm com qualquer φ todos os três monómeros são polimerizados pelo mesmo mecanismo químico topológico, isto é, na fase de monómero disperso.

Como se sabe, as moléculas de emulsionante nas micelas são muito móveis [66] e, para os radicais oligoméricos tensioactivos, não existem barreiras à penetração nos emulsionantes iónicos das micelas. No caso das micelas constituídas por emulsionantes catiónicos ou não iónicos, este problema não se coloca de todo. No caso de EP de monómeros ligeiramente polares (como o acetato de vinilo) na presença de tensioativo não iónico, o crescimento de radicais de cadeia oligomérica em partículas finas dispersas é facilitado pelo facto de a parte hidrófila do tensioativo não iónico poder também solubilizar a molécula do monómero [66,73,85]. Estas circunstâncias oferecem a possibilidade de que, na polimerização em emulsão VA, a reação de propagação da cadeia, desde o início do processo, ocorra nas partículas finas de monómero dispersas, estabilizadas por tensioactivos. Esta hipótese está de acordo com os resultados apresentados por vários autores [85-87], segundo os quais a formação de PMP na EP de VA não está associada a reacções na fase aquosa. É também consistente com os resultados das observações visuais da turvação da fase aquosa no sistema estático (ver Fig. 2.6 e 2.9 no Capítulo 2).

Capítulo 4

Formação de fases na fase aquosa do sistema monómero-água

4.1. A cinética da formação de fases

A formação de sementes de nucleação em soluções líquidas, independentemente da sua natureza (amorfa ou cristalina), está sujeita a uma série de regularidades comuns. Estas incluem a relação entre a força motriz da formação da fase (grau de supersaturação) e o número de centros de nucleação formados por unidade de volume por unidade de tempo [38]. Deste ponto de vista, a cristalização de sais a partir de soluções aquosas e a formação de uma nova fase sob a influência de reacções radicais em soluções aquosas de monómeros diferem apenas no modo de supersaturação do sistema.

Numa solução aquosa saturada de persulfato de potássio em estireno, os produtos da reação radicalar são oligómeros, constituídos por poucas unidades monoméricas e um ou dois grupos terminais iónicos. Por conseguinte, a formação de fases no sistema pode ser semelhante ao mecanismo de formação de micelas. É óbvio que este mecanismo pode levar à agregação de moléculas poliméricas mais longas se este processo de agregação for limitado pela densidade da carga superficial induzida apenas pelos grupos terminais de sulfato das moléculas. Com macromoléculas de grande dimensão sob a forma de bobinas em água, a transição de fase da barreira potencial pode também ser causada por uma diminuição da entropia do sistema devido à deformação das bobinas quando colidem [61,88]. No entanto, este componente aditivo da barreira potencial alterará apenas o valor da supersaturação máxima em água. A cinética de agregação e o tamanho final das partículas dispersas continuarão a ser determinados pela densidade de carga na superfície das partículas.

Assim, a concentração supersaturada nos sistemas estudados, a partir da qual estes podem ultrapassar a barreira de potencial e se inicia a agregação dos oligómeros, é determinada pelo número e natureza das unidades monoméricas na sua molécula. De facto, a taxa de realização da supersaturação, nestes casos, é igual à taxa de formação de oligómeros na água, ou seja, à taxa de iniciação (terminação quadrática) dos radicais.

Para descrever a cinética da propagação das sementes de nucleação da fase polimérica antes da possível floculação das bobinas de polímero, será necessário ter em conta o facto de o crescimento de um núcleo esférico, bem como o crescimento de cristais em soluções, ser um processo físico-químico sequencial. Partindo do princípio de que as partículas dispersas (tanto de polímero como de PMP) têm uma forma esférica e uma estrutura amorfa, o número de actos elementares necessários para descrever a cinética do crescimento pode ser suficientemente limitado.

De acordo com [89], o número mínimo de actos elementares de crescimento das sementes de nucleação de uma nova fase a partir de uma solução supersaturada pode ser representado da seguinte forma

1. Definir a supersaturação;
2. A transferência de substâncias para os centros de nucleação em crescimento;
3. Difusão através da zona na interface centro de nucleação - solução.
4. Desolvatação parcial ou total.
5. A difusão de solventes e impurezas da superfície de crescimento,
6. A adsorção ou adsorção química na superfície da partícula.
7. A dispersão porcionada do calor de formação de fase e do calor de crescimento que pode ocorrer após cada etapa elementar da reação de adição.

Quando a supersaturação é descrita pelas reacções químicas e pela dissolução, pode também ser constituída por uma pluralidade de acontecimentos elementares [89]. Na solução aquosa do monómero, esta fase consiste, de facto, em eventos elementares de polimerização radicalar. A segunda fase de crescimento das sementes de nucleação é proporcionada por difusão, convecção ou estriamento mecânico da solução. As velocidades das fases 3 e 5 são determinadas pelas leis de Fick e as das fases 4 e 6 pela natureza das moléculas que participam na formação das fases, bem como pelas forças das interações intermoleculares entre elas, as moléculas do solvente e as impurezas.

A taxa da fase 6 durante o crescimento de monocristais depende significativamente da orientação cristalográfica do crescimento, mas no caso de partículas de polímero pode depender apenas da natureza das moléculas. Para descrever a cinética do crescimento de cristais a partir da solução de Lodiz, utiliza-se a equação para a taxa de reacções físico-químicas sequenciais que consistem em processos de difusão e de superfície [89]. Para o caso em que o equilíbrio é estabelecido rapidamente e os processos de superfície da interface não limitam a taxa de crescimento do monocristal, esta taxa é definida pela primeira lei de Fick [89]:

$$dm/dt = D \cdot A \cdot dc/dx \qquad (4.1)$$

onde dm/dt - ganho de peso por difusão na superfície crescente por unidade de tempo, A - área da superfície crescente, D - coeficiente de difusão, dc/dx gradiente da concentração na direção perpendicular à superfície:

$$dc/dx = \frac{C_v - C_s}{S} \quad (4.2)$$

onde C_v - concentração do material em crescimento na solução a granel, C_s - a sua concentração diretamente na superfície crescente, S - espessura da camada de difusão.

Tendo em conta que o ganho de peso por difusão da superfície crescente por unidade de tempo é diretamente proporcional à taxa de cristalização linear (W_c) na superfície, pode ser introduzida a seguinte equação

$$dm/dt = Wc \cdot A \cdot \rho \quad (4.3)$$

onde ρ é a densidade do cristal.

A partir da Eq. 4.1-4.3, determina-se o valor de w_c:

$$W_c = D(C_v - C_s)/\rho S \quad (4.4)$$

A uma espessura constante s, o rácio D/s pode ser substituído por uma taxa de difusão constante (κ_d) e a Equação (4.4) terá uma forma mais conveniente:

$$W_k = K_d (C_v - C_s)/\rho \quad (4.5)$$

Obviamente, se os processos de superfície prosseguirem rapidamente, c_s será igual à concentração de equilíbrio do material em crescimento (c_e).

Se a reação química na interface for limitada, a taxa do processo é descrita por uma reação química heterogénea de primeira ordem:

$$dm/dt = K' A \left(C_S - C_e \right) \quad (4.6)$$

e sendo a taxa linear w_p:

$$W_\rho = \frac{K'}{\rho} \left(C_S - C_e \right) \quad (4.7)$$

em que K' é a constante de velocidade da reação química limitante.

Quando os processos de difusão e de superfície se processam como duas fases sequenciais com velocidades comparáveis, a velocidade do processo geral é descrita pela seguinte equação:

$$W_\rho = \frac{C_v - C_e}{\rho\left(\frac{1}{K_d} + \frac{1}{K'}\right)} \qquad (4.8)$$

Designando ($1/K_d + 1/K'$) = $1/K$ A Eq. (4.8) pode ser escrita numa forma mais conveniente:

$$W_\rho = \frac{K(C_v - C_e)}{\rho} \qquad (4.9)$$

Numa vasta gama de condições experimentais, a dependência de K' em relação à temperatura é descrita pela equação de Arrhenius e não depende da concentração [90]. A Eq. (4.7) indica uma dependência linear da taxa de crescimento em (C_v - C_e), ou seja, na magnitude da supersaturação absoluta da solução. Assim, a manutenção de uma taxa constante conduz, de facto, à manutenção de uma supersaturação constante no sistema.

Se a propagação da cadeia polimérica na água puder durar até ao ponto em que o radical em propagação obtém propriedades de massa, então a dissolução da água e de outros componentes do polímero deve ser adicionada à lista de etapas elementares do processo. Nestes casos, a primeira etapa da formação de fases pode ser descrita por equações cinéticas derivadas da teoria de Ugelstad-Hansen [37] ou utilizando a teoria da nucleação homogénea [39]. As fases 1-7 de crescimento dos locais de nucleação descritas acima, em ambos os casos, permanecem em vigor e são descritas pelas equações (4.1) - (4.9), independentemente do tamanho das moléculas na fase em formação (ou das partículas de qualquer tamanho).

4.2. O processo de cristalização num sistema de fase aquosa de estireno estático - solução aquosa de persulfato de potássio.

Demonstrando uma simetria paralela entre o processo de crescimento de monocristais a partir de soluções e a formação de partículas esféricas dispersas de polímero em água, apenas foram mencionados aspectos comuns do processo em duas fases. O principal objetivo desta análise foi descrever quantitativamente a cinética de formação de partículas na polimerização de monómeros em meio aquoso. Para este efeito, não foram discutidas questões relacionadas com os problemas de crescimento de monocristais a partir da solução, mas apenas foram descritas as fases deste processo relativas à geração e crescimento de partículas de látex. No entanto, existe a possibilidade de as reacções radicalares, que ocorrem na fase aquosa do estireno estático - solução aquosa de persulfato de potássio, poderem levar à formação de compostos de baixa massa molecular capazes de cristalizar. O início da formação da fase deve ser precedido de um período de indução (τ_1), necessário para atingir a supersaturação do sistema e a seguinte condição:

$$\Delta \mu \leq 0 \qquad (4.10)$$

em que $\Delta\mu$ - diferença de potenciais químicos da molécula de um determinado componente na sua própria fase e em solução aquosa.

Como se demonstrou no capítulo 1, num sistema bifásico de estireno - solução aquosa de K2S2O8, a introdução de partículas de polímero-monómero, geradas na interface, na fase aquosa é precedida de um certo período de indução (τ_2), devido à obtenção da seguinte condição no sistema:

$$\rho_r > \rho_w \qquad (4.11)$$

onde ρ_r e ρ_w são, respetivamente, a densidade das partículas dispersas e da fase aquosa. Quando $\tau 1 > \tau 2$ a capacidade de geração de nova fase a partir dos produtos das reacções radicalares em água dependerá também, entre outros factores, da sua quantidade, bem como da estrutura superficial das PMP que já se encontram disponíveis na fase aquosa. Se dentro do período de polimerização (τ_3) a condição (4.10) não for alcançada, a formação de fase de substâncias de baixo peso molecular não ocorrerá.

Para obter uma imagem completa dos processos químicos e físico-químicos que ocorrem na fase aquosa do sistema, é necessário determinar a natureza dos produtos que se formam ao iniciar a polimerização utilizando radicais de iões sulfato ou radicais hidroxilo, de acordo com o esquema de reacções ilustrado no Capítulo 2. É necessário acrescentar a estas reacções a reação cinética de terminação da cadeia e a reação de adição do radical estireno ao oxigénio:

$$RM^{\bullet} + O_2 \longrightarrow RMOO^{\bullet} \qquad 4.1$$

em que R é um radical de ião sulfato ou um grupo hidroxilo,

Todas estas reacções ocorrem devido à baixa solubilidade do estireno em água. A reação 4.1 foi investigada em [90, 91], tendo sido determinado que a constante da reação de adição do radical estireno ao oxigénio excede a constante da velocidade de propagação (K_p). Daqui se conclui que, devido à presença de oxigénio na fase aquosa, a probabilidade da seguinte reação de propagação do crescimento da cadeia (2):

$$RM^{\bullet} + M \xrightarrow{K_p} RMM^{\bullet} \qquad 4.2$$

pode ser inferior ao da reação 4.1.

A 50°C, a solubilidade do oxigénio na água é aproximadamente igual à solubilidade do estireno [92] e a probabilidade da reação 4.2 em condições atmosféricas torna-se negligenciável.

Por conseguinte, se a reação entre os iões de radical sulfato e as moléculas de água tiver lugar no sistema, as reacções radicais na água podem conduzir a uma acumulação dos produtos de oxidação dos radicais estireno.

Para a deteção experimental da reação 4.1, pode utilizar-se o facto de o pH do sistema dever baixar quando esta reação flui:

$$HSO_4^- \leftrightarrow H^+ + SO_4^{2-} \qquad 4.3$$

A diminuição do pH da fase aquosa durante a polimerização do estireno num sistema de duas fases é observada na polimerização estática do estireno, acetato de vinilo e cloropreno [51, 93, 94]. Em [51, 93], a diminuição do pH foi observada tanto na presença como na ausência de oxigénio no sistema.

Nos espectros de infravermelhos [93] das moléculas de poliestireno foram detectados picos de absorção caraterísticos dos grupos hidroxilo e dos núcleos aromáticos dos grupos carbonilo conjugados. Para determinar o mecanismo de formação do aldeído, é essencial prestar atenção ao facto de um dos produtos das reacções radicais ter de ser o feniletilenoglicol, que pode ser facilmente oxidado a benzaldeído em meio ácido [95].

Para testar esta hipótese, a fase aquosa foi extraída com éter e, em seguida, o extrato foi submetido a análise cromatográfica [93]. A identidade dos cromatogramas do extrato obtido e da solução de éter de benzaldeído, como referência de etalon, foi confirmada.

A formação de benzaldeído é também observada na copolimerização em bloco do estireno sob pressão de oxigénio [90, 91, 96]. Os autores assumem que o benzaldeído é formado pela decomposição do copolímero radicalar:

$$-CH_2-CH(Ph)-O-O-CH_2-C^\bullet H(Ph) \rightarrow -CH_2-C^\bullet H(Ph) + CH_2O + Ph-CHO \qquad 4.4$$

Comparando as condições das experiências descritas em [90, 91, 96] com as experiências de polimerização estática em sistema estireno-água [51], pode concluir-se que a formação de benzaldeído nas reacções de radicalização do estireno em solução aquosa de persulfato de potássio é uma consequência da falta de possibilidade de crescimento cinético e da elevada probabilidade de reação de terminação de cadeia entre o monómero e o radical hidroxilo.

Capítulo 5
Apêndices

5.1. Sobre as possibilidades de síntese do látex monodisperso

Fazendo uma pesquisa em revistas científicas e na Internet, é possível encontrar muitas publicações nas quais são fornecidas receitas de síntese de látex monodisperso. Depois de ler estas receitas, pode concluir-se que o látex monodisperso é preparado provavelmente de forma intuitiva do que utilizando receitas programadas.

Por exemplo, em [97], a formação de partículas de látex monodispersas em monómeros vinílicos EP é referida como resultado da presença de resinas de poliamida e epóxi, bem como de sais inorgânicos e óxidos, nas receitas. Os autores indicaram que o raio das partículas pode ser ajustado através da variação da intensidade de agitação do sistema.

Os látices monodispersos podem ser obtidos através da polimerização de monómeros de dieno sob microgravitação [98].

Os látices com uma distribuição estreita do tamanho das partículas são obtidos através da polimerização do estireno em suspensão na presença de orto e para divinilbenzeno [99].

A lista de receitas para a síntese de látex monodisperso pode ser continuada mais e mais, mas a partir dos exemplos mencionados é claro que o processamento de receitas é uma questão empírica. Esta abordagem justifica-se, uma vez que as redes monodispersas são extremamente valiosas e têm aplicações únicas em vários domínios da ciência e da tecnologia.

O modo estático de polimerização num sistema heterogéneo monómero-água pode ser considerado como um dos métodos mais promissores para a síntese de látices monodispersos, uma vez que qualquer sistema de mistura (mecânico, ultra-sons, criação de correntes de convecção, etc.) expande incontrolavelmente a distribuição do tamanho das partículas.

O principal problema não resolvido na síntese de redes monodispersas em condições estáticas é a dependência da taxa de formação de partículas de vários parâmetros do sistema, que não permanecem constantes durante a polimerização. Nos capítulos anteriores, mostrou-se que alguns destes parâmetros são o pH da fase aquosa e a concentração do monómero (gradiente de densidade na fase aquosa).

Verificou-se que é essencial, para a síntese de látices monodispersos com um determinado diâmetro em sistemas estáticos, determinar com precisão o tempo de suspensão dos processos de polimerização no sistema [51, 100-105].

Para estabelecer o tempo de fim da polimerização estática do estireno, a viscosidade da fase monomérica e o resíduo seco da fase aquosa têm de ser medidos durante o processo [51, 100]. Após dois dias de permanência do sistema bifásico de estireno-0,2 w% de solução aquosa de K2S208, a viscosidade da fase monomérica não se alterou e o resíduo seco da fase aquosa permaneceu igual a 2%, mesmo com uma permanência mais longa do sistema. A polimerização foi efectuada a 50°C.

Destes resultados resulta que a determinação do tempo de conclusão da polimerização num sistema estático de duas fases se reduz, na realidade, à determinação do tempo de conclusão do crescimento e do tamanho das partículas de látex na fase aquosa.

As dimensões das partículas de látex e a sua variação com as condições de polimerização foram investigadas por microscopia eletrónica [51,101,102].

Na Fig. 5.1, 5.2 são apresentadas as partículas de látex obtidas em diferentes tempos de permanência do sistema. A concentração de K2S208 na água foi de 0,2 w%. Durante as primeiras 6 horas de polimerização, o tamanho médio das partículas aumenta para 300 nm e a distribuição do tamanho das partículas é estreita (ver Fig. 5.1).

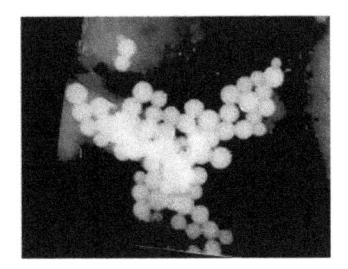

Figura 5.1 Fotografia microscópica eletrónica do látex de poliestireno obtida após 6 horas de resistência do sistema estático a 50° C.

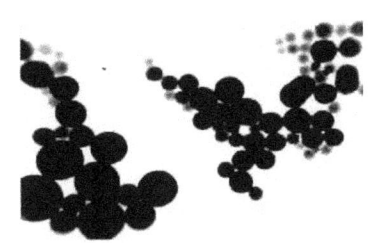

Figura 5.2 Fotografia de microscopia eletrónica do látex de poliestireno obtido a 50° C depois de suportar o sistema estático durante 150 horas

Depois de suportar o sistema durante um longo período de tempo, o tamanho das partículas quase não aumenta, mas a distribuição do tamanho das partículas sofre alterações significativas (Fig. 5.2). Na Figura 5.2 distinguem-se partículas finas dispersas, cuja densidade eletrónica é significativamente diferente da densidade eletrónica das partículas grandes. O aparecimento de partículas tão pequenas pode dever-se à supersaturação da fase aquosa por oligómeros de estireno e à sua agregação.

A ampliação do gráfico de distribuição das partículas de látex também é observada durante a polimerização na presença de álcool etílico (Fig. 5.3). Este alargamento era esperado, uma vez que a introdução de álcool no sistema aumenta significativamente a solubilidade do estireno na fase aquosa e a possibilidade de nucleação das partículas na mesma.

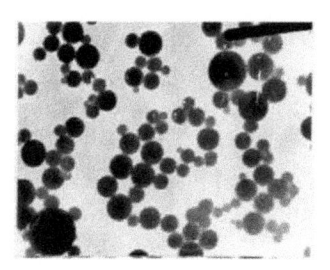

Figura 5.3 Fotografia microscópica eletrónica do látex de poliestireno obtido a 50° C após 20 horas de resistência do sistema estático (solução de estireno em etanol) - (solução aquosa de persulfato de potássio).

A partir destes resultados, pode concluir-se que, num sistema estático, é mais razoável falar não da taxa do processo, mas da dinâmica da variação do tamanho das partículas de látex.

5.2. Síntese de látex de policloropreno monodisperso

A partir dos resultados acima mencionados, conclui-se que se a formação de partículas a num sistema heterogéneo monómero - água for interrompida no tempo, haverá a possibilidade de obter partículas de látex unimodais. É também claro que, num sistema heterogéneo estático, os látices monodispersos podem ser mais facilmente obtidos por polimerização de tais monómeros, nos quais a solubilidade da água e a constante propagação da cadeia permitem que as partículas dispersas sejam nucleadas apenas numa zona do sistema.

Os valores das constantes de propagação e a solubilidade do cloropreno em água [83,84] permitiram sugerir que a polimerização deste monómero num sistema estático pode ser um método para a síntese de látices monodispersos [104].

A polimerização do cloropreno num sistema estático monómero-água foi investigada em [51,

103-105], onde foi sintetizado um látex de 2 w% com um diâmetro de partícula de 250 nm após 6 horas de polimerização. A estabilidade do látex obtido foi investigada por centrifugação: após duas horas de centrifugação a uma velocidade de rotação de 7500 min^{-1} o precipitado era de 0,01 w%. A viscosidade da fase monomérica durante 6 horas de polimerização aumentou significativamente e considerou-se que o processo de polimerização estava concluído.

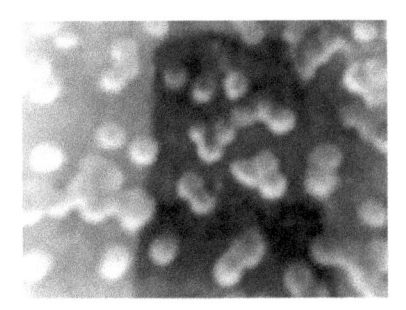

Figura 5.4 Fotografias electrónicas do látex de policloropreno obtidas após 6 horas de resistência do sistema estático.

As imagens de microscopia eletrónica do látex de policloropreno, obtidas em condições estáticas, são mostradas na Fig. 5.4

A particularidade dos látices de policloropreno sintetizados com emulsionante livre deve-se ao facto de a estrutura do polímero incluir ligações duplas. Isto abre a possibilidade de alterar a estrutura química da superfície das partículas de látex.

5.3. Perfil de crescimento de monocristais utilizando materiais poliméricos.

Em vários dispositivos e instrumentos são utilizados monocristais, após pré-tratamento, a fim de dar ao cristal a forma necessária.

Para obter o produto desejado, o cristal crescido deve ser serrado, desbastado, lixado, polido, perfurado, etc. Em todas estas operações, existe um grande problema que nem sempre é possível, através de tratamento mecânico, dar ao cristal o perfil necessário. Estas circunstâncias reduzem grandemente a possibilidade de utilização do cristal cultivado e interferem no melhoramento de uma grande variedade de dispositivos que funcionam com semicondutores, materiais piezoeléctricos e opticamente activos.

Outro fator importante que interfere na utilização de cristais é a degradação das propriedades físicas dos monocristais após tratamento mecânico.

Uma das formas promissoras de resolver estes problemas é, sem dúvida, encontrar formas de cultivar monocristais com o perfil desejado.

O crescimento de monocristais de perfil continua a ser um dos campos pouco estudados na ciência do crescimento de cristais. Na prática, os monocristais de perfil só podem ser cultivados usando o método de Stepanov [106].

A solução de questões relacionadas com o crescimento de monocristais tubulares a partir de soluções de sais inorgânicos é de importante atualidade, uma vez que estes cristais não podem ser perfurados.

A obtenção de tubos e anéis destes cristais como α-LiIO3 contribuiria para o aperfeiçoamento de lasers e outros dispositivos que funcionam com monocristais de sal.

Para resolver este problema, os autores em [51, 107] chamaram a atenção para o seguinte aspecto: os sais inorgânicos em solventes orgânicos não polares são praticamente insolúveis. Se nas sementes de monocristais destes sais forem fixados tubos feitos de material polimérico, será possível desenvolver um monocristal com um canal oco, uma vez que o tubo pode ser removido colocando o monocristal crescido em solvente orgânico.

Desta forma, foi possível desenvolver monocristais com canais ocos de α-LiIO3 de diferentes perfis e secções transversais. A principal questão pendente no método desenvolvido para o crescimento de monocristais perfilados continua a ser a ocorrência frequente de fracturas, que são repetidamente notadas na superfície interna do monocristal em crescimento, o que, de facto, anula o trabalho preparatório de longo prazo gasto no crescimento do monocristal até às fracturas.

O aparecimento de fracturas deve-se a muitos factores, o mais importante dos quais pode ser considerado como irregularidades na superfície exterior do perfil de poliestireno e a diferença de condutividade térmica do monocristal e do polímero. Esta última circunstância leva ao aparecimento de um gradiente de temperatura aquando da dissipação do calor de cristalização e pode tornar-se uma causa de tensão no cristal.

Para eliminar estes inconvenientes, o material polimérico do perfil foi substituído por um monocristal de α-LiIO3, cuja secção transversal era menor do que a secção transversal da semente e pré-revestido com uma fina camada de um látex de policloropreno monodisperso sintetizado por polimerização sem emulsionante. A Figura 5.8 apresenta uma fotografia de um monocristal de α-LiIO3 crescido:

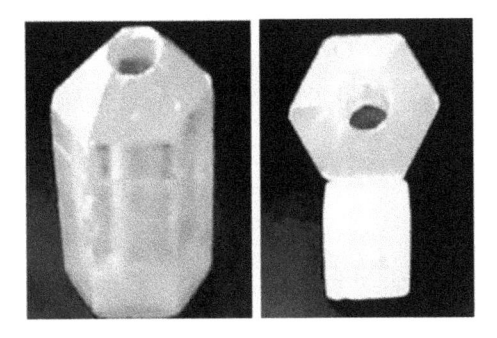

Figura 5.8 Perfil α-LiI03 monocristalino

Referências

1. Smit W.V., Ewart R.H. Cinética da polimerização em emulsão, J Chem.Phys., 1948, **16**, p. 592-599.

2. Harkins W.D. Teoria do mecanismo de polimerização em emulsão. J. Amer. Chem. Soc., 1947, **69**, p. 1428-1448.

3. Harkins W. D. Teoria geral do mecanismo de polimerização em emulsão. J. Polym. Sci. , 1950, **5**, p. 217 - 251.

4. Bovey F.A., Kolthoff I.M, Medalia A.I., Meehan E. J. Emulsion polimerização, 1955, p.165 NY, Londres

5. Medvedev S. S. Polimerização em emulsão. - Recolher. Checa. Chem. Communes. , 1957, **22**, p. 160-190.

6. Medvedev S.S. Emulsion polymerization in "Kinetics and mechanism of macromolecular formation" M., Nauka, 1968, p. 5-24 (em russo).

7. Lovell P.A., El-Aasser M.S., Emulsion Polymerization and Emulsion Polymers, ISBN: Capa dura, 1997, p. 218

8. Oganesyan A.A., Grigoryan G.K., Muradyan G.M., Sobre o mecanismo de formação de fase dispersa no estágio micelar da polimerização em emulsão. Chem.J.Armenia 2006, **59**, 3, p 130-133 (em russo).

9. Hovhannisyan A. A., Grigoryan G.K., Khaddazh M., Grigorqn N.G Topologia da formação de látex em sistemas heterogéneos estáticos monómero-água Actas do 4th Simpósio Internacional do Cáucaso sobre Polímeros e Materiais Avançados Batumi, 2015 .p.92

10. Ugelstad J., Hansen F.K. Kinetics and mechanism of emulsion polymerization (Cinética e mecanismo de polimerização em emulsão). - Rubber Chem. and Technol. , 1976, **49**, 3, p. 536-609.

11. Povluchenko V.E., Ivanchov S.S. As caraterísticas cinéticas da polimerização em emulsão. -Ata Polym, 1983, **34**, 9, p. 521- 532.

12. Gardon J. L. Polimerização em emulsão. In: Polym. Process. NY, 1977, p. 143-197.

13. Hovhannisyan A. A., Grigoryan G.K., Grigorqn N.G Química física da polimerização em emulsão // Alguns sucessos da química orgânica e farmacêutica// Collected Papers National

Academy of Sciences Armenia, Yerevan 2015 p. 215-225 (em russo)

14. O Toole J. T. Kinetics of emulsion polymerization (Cinética da polimerização em emulsão). J. Appl. Polym. Sci., 1965, **9**, p. 1291-1297.

15. Stockmeyer W. Nota sobre a cinética da polimerização em emulsão. J. Polym. Sci., 1957, **24**, p. 314-317.

16. Smith W. V. Iniciação da cadeia na polimerização em emulsão de estireno. J. Amer. Chem. Soc., 1948, **70**, p. 3695-3702.

17. Smith W. V. Iniciação da cadeia na polimerização em emulsão de estireno. J. Amer. Chem. Soc., 1949, **71**, p. 4077-4082.

18. Morton M., Salatiello P.P., Landfield H. Absolute propagation rates in emulsion polymerization (Taxas de propagação absolutas na polimerização em emulsão). J. Polym. Sci., 1952, **8**, p. 279-287.

19. Morton M., Cala J. A., Altier M. W. Polimerização em emulsão de cloropreno. I. Mecanismo. J. Polym. Sci., 1956, **19**, p. 547-562.

20. Van der Hoff B.M. O mecanismo de polimerização em emulsão do estireno. II. Polimerização em soluções de sabão abaixo e acima da concentração micelar crítica e a cinética da polimerização em emulsão. J. Polym. Sci., 1960, **44**, p.241-259.

21. Napper D.H., Parts A.G. Polimerização de acetato de vinilo em meios aquosos. I. O comportamento cinético na ausência de agentes estabilizadores adicionados. J. Polym. Sci., 1962, **61**, p. 113-126.

22. Krishan T., Margaritova M.F., Medvedev S.S. Investigação das regularidades da polimerização em emulsão. I. Polimerização de metacrilato de metilo. Vysokomol. Soedinenie, 1963, **5**, p. 535-541 (em russo).

23. Volkov V.A., Kulyuda T.V., Influência de emulsionantes não iónicos na decomposição do iniciador solúvel em água $K_2S_2O_8$ de polimerização em emulsão. Vysokomol.Soedinenie, 1978, **Б 20**, p. 862-865 (em russo).

24. Ryabova M.S., Sautin S.N. Smirnov N.I. Reacções em solução aquosa verdadeira durante a polimerização em emulsão de estireno iniciada por persulfato de potássio. J. Priklad. Khimii, 1978, **51**, p. 2056-2064 (em russo).

25. Fujii S. O efeito da conversão no mecanismo de polimerização do vinil. I. Estireno. Bull.

Chem. Soc. Japan, 1954, **27**, p. 216-221.

26. Willson E.A., Miller J.R., Rowe E.H. Áreas de absorção na titulação de sabão do látex para medição do tamanho das partículas. J. Phys. Coll. Chem., 1949, **53**, p. 357-374.

27. Ryabova M.S., Sautin S.N., Smirnov N.I. Número de partículas durante a polimerização em emulsão de estireno, iniciada por iniciador solúvel em óleo. J.Priklad.Khimii, 1975, **48**, p. 1577-1582 (em russo).

28. Williams D.J. , Gramico M.R. Application of continuously uniform latexes to kinetic studies of "ideal" emulsion polymerization. J. Polym. Sci., 1969, **C27**, p. 139-148.

29. Ivanchov S.S., Pavluchenko V.N., Rozhkova D.A. Polimerização de estireno em emulsão estabilizada por surfactantes do tipo alcamonums. Vysokomol.Soedinenie, 1974, **A16**, p. 835-838 (em russo).

30. Ivanchov S.S., Pavluchenko V.N., Rozhkova D.A. Surfactantes do tipo alcamonums como componentes de sistemas de iniciação redox na polimerização em emulsão de estireno. DAN USSR, 1973, **211**, 4, p. 885-888 (em russo).

31. Rozhkova D.A., Pavluchenko V.N., Ivanchov S.S. Um estudo da decomposição do hidroperóxido de cumeno em solução aquosa de alcamonos. Kinetics and catalysis, 1975, **14**, p. 814 (em russo).

32. Fitch R.M., Ross B., Tsai C.H. Homogeneous nucleation of polymer colloids: prediction of the absolute number of particles. Amer. Chem. Soc. Polym. Prepr. , 1970, **II**, 2, p. 807-810.

33. Fitch R.M., Tsai C.H. Homogeneous nucleation of polymer colloids: the sole of soluble oligomeric radicals. Amer. Chem. Soc. Polym. Prepr., 1970, **II**, 2, p. 811-816.

34. Dunn A.S., Taylor P.A. Polimerização de acetato de vinilo em solução aquosa iniciada por persulfato de potássio a 60^C. J. Macromol. Chem., 1965, **83**, p. 207-219.

35. Fitch R.M., Tsai Ch.H. Polymer colloids: particle formation in nonmicellar systems (Colóides de polímeros: formação de partículas em sistemas não micelares). J. Polym. Sci., 1970, **B 8**, 10, p. 703-710.

36. Fitch R.M. Nucleação e crescimento de partículas de látex. Amer. Chem. Soc. Polym. Prepr., 1980, **21**, 2, p. 286.

37. Hansen F.K., Ugelstad J. Nucleação de partículas na polimerização em emulsão. I. Teoria da nucleação homogénea. J. Polym. Sci., Polym. Chem. Ed., 1978, **16**, 8 , p. 1953-1979.

38. Khamsky E.V. Crystallization from solutions - L.: Nauka, 1967, 150 p. (in Russo).

39. Chernov A.A., Guivarguizov E.I., Bagdasarov K.S., Kuznetsov V.A., Demyanets L.N., Lobachev A.N. Modern Crystallography (4 vol), V. 3, Formation of Crystals. M. Nauka, 1980, 408 p. (em russo).

40. Peppard B. Particle nucleation phenomena in emulsion polymerization of polystyrene (Fenómenos de nucleação de partículas na polimerização em emulsão de poliestireno). University Microfilms, Ann Arbor, 1974.

41. Yeliseeva V.I. Dispersões poliméricas. M. Khimia, 1980,-294 p (em russo).

42. Goodal A. R., Wilkinson M. C., Hearn J. Formação de partículas anómalas durante a polimerização de estireno sem emulsionante. J. Colloid Interface Sci., 1975, **53**, p. 327.

43. Cox R..A., Wilkinson M.C., Greasey J.M. Estudo das partículas anómalas formadas durante a polimerização de estireno em emulsão sem surfactantes. J.Polym.Sci., Polym.Chem.Ed. 1977, **15**, 2311.

44. Goodall A.R., Wilkinson M.C., Hearn J. Mechanism of emulsion polymerization of styrene in scap-free systeme. - J.Polym. Sci., Polym.Chem.Ed., 1977, **15**, p. 2193.

45. Dunn A.S., Taylor P.A. Polimerização de acetato de vinilo em solução aquosa iniciada por persulfato de potássio a 60°C. J.Macromol.Chem., 1965, 83, p. 207-219.

46. Napper D. H., Alexander A. E. Polimerização de acetato de vinilo em meios aquosos. II. Comportamento cinético na presença de baixas concentrações de sabões adicionados. J. Polym. Sci., 1962, **61**, p. 127-133.

47. Alexander A. E. Alguns estudos sobre polimerização heterogénea. -J. Oil Colour Chem. Assoc., 1966, **49**, p. 187-193.

48. Okamura S., Motoyama T. Polimerização de acetato de vinilo. -J. Polym. Sci., 1962, v. 58, p. 221-227.

49. Polimerização de monómeros vinílicos. Vermelho. D. Hem. M. Khimia, 1973, 312 p. (em russo).

50. Roe Ch.P. Surface chemistry aspects of emulsion polymerization (Aspectos químicos da superfície da polimerização em emulsão). Ind. Eng. Chem., 1968, **22**, p. 160-190.

51. Oganesyan A.A., 1986 "Free radical polymerization and phase formation in heterogeneous

monomer/water systems" Dissertação de Doutoramento (Chem.), http://sp-department.ru/upload/iblock/fc2/fc2f301a27001d07dc03d6a7a62a66ef.pdf Moscovo: Instituto de Tecnologia de Química Fina (em russo).

52. Munro D., Goodall A.R., Wilkinson M.C., Randle K.J., Hearn J. Estudo da nucleação de partículas, floculação e crescimento na polimerização sem emulsionante de estireno em água por dispersão de luz de intensidade total e espetroscopia de correlação de fotões. J. Colloid Interface Sci., 1979, **68**, 1, p. 1-13.

53. Goodall A.R., Randle K.J., Wilkinson M.C. A study of the emulsifier-free polymerization of styrene by laser light-scattering techniques. J. Colloid Interface Sci., 1980, **75**, 2, p. 493-511.

54. Oganesyan A. A., Khaddazh M., Gritskova I. A, Gubin S. P. Polimerização no sistema estático heterogéneo Estireno-Água na presença de metanol Fundamentos teóricos da engenharia química, 2013, **47**, 5, p. 600-603

55. Hovhannisyan A.A., Kaddazh M., Grigoryan N.G., Grigoryan G.K. // Sobre o mecanismo de formação de partículas de látex na polimerização em sistema heterogéneo monómero - água // J. Chem. Chem. Eng., **9**,.5 2015 EUA

56. Sharkhatunyan R.O., Nalbandyan A.G., Pogosyan A.L., Torgomyan S.K. Izvestiya AN Armenian SSR, Physics, 1974, **9**, p 224-228. (em russo).

57. Bartlett P.D., Cotman J.D. The kinetics of the decomposition of potassium persulfate in aqueous solutions of methanol. J. Amer. Chem. Soc. , 1949, **71**, p. 1419-1422

58. Frenkel Y,I. Teoria Cinética dos Líquidos, L. 1975

59. Good R.J. Surface entropy and surface orientation of polar liquids (Entropia de superfície e orientação de superfície de líquidos polares). J. Phys. Chem., 1957, **61**, p. 810-813.

60. Adamson A. Physical Chemistry of Surfaces. M., Mir, 1979, 567 p. (em russo).

61. Moravets G. Macromolecules in solutions. M., Mir, 1967, 398 p. (em russo).

62. Damaskin B.B. Regularidades da adsorção de compostos orgânicos. Uspekhi Khimii. 1965, **34**, 10, p. 1764-1778. (em russo).

63. Damaskin B.B. Algumas regularidades dos gráficos de não equilíbrio da capacidade diferencial na presença de compostos orgânicos. Elektrokhimia, 1965, **1**, p. 255-261. (em russo).

64. Damaskin B.B. Sobre o método de medição da capacidade em soluções diluídas de electrolitos. J.Fizich.Khimii, 1958, **32**, 9, p. 2199-2204. (em russo).

65. Prokopov N.I., Gritskova I.A., Kiryutina O.P., Khaddazh M., Tauer K., Kozempel S. O Mecanismo de Polimerização de Estireno em Emulsão Sem Surfactante. Polymer Science, 2010, **52 B**, 5-6, p. 339-345.

66. Shinoda K., Nakagava T., Tamamusi B., Isemura T. Colloidal Surfactants. M. Mir, 1966, 317 p. (em russo).

67. Rusanov A.I. Phase Equilibrium and Surface Phenomena (Equilíbrio de fases e fenómenos de superfície). L. Khimia, 1967, 387 p. (em russo).

68. Kuni F.M., Rusanov A.I. Comportamento assintótico das funções de distribuição molecular na camada superficial do líquido. DAN USSR, 1967, **174**, 2, p. 406-409 (em russo).

69. Kauzman W. Alguns factores na interpretação da desnaturação de proteínas. Advan. Protein Chem, 1959, **14**, p. 1-63.

70. Nemety G., Scheraga H.A. A estrutura da ligação hidrofóbica da água nas proteínas. III. As propriedades termodinâmicas das ligações hidrofóbicas em proteínas. J. Chem. Phys., 1962, **36**, p. 3382-3401.

71. Fowkes F.M. Contribuições da força de dispersão para as tensões superficiais e interfaciais, ângulos de contacto e calores de imersão. Advan. Chem., 1964, **43**, p. 99-111.

72. Fowkes F.M. Aditividade das forças intermoleculares nas interfaces. I Determinação da contribuição para as tensões superficiais e interfaciais das forças de dispersão em vários líquidos. J. Phys. Chem., 1963, **67**, p. 2538-2541.

73. Shenfeld N. Detergentes não iónicos. L. Khimia, 1965 , p. 160-180 (em russo).

74. Walling C. Free Radicals in Solution (Radicais livres em solução). M., I.L., 1960, p.437-440. (em russo).

75. Bagdasaryan K.S. Teoria da Polimerização Radical. M, Nauka, 1966, p. 57-60 (em russo).

76. Oganesyan A. A., Gritskova I. A, Melkonyan L.G. Regulação da massa molecular do policliroprene por mercaptanos. Vysokmol.Soed., 1973, **5**, p. 310-312. (em russo).

77. Kolthoff J. M., Miller S. K. A química do persulfato. I. Cinética e mecanismo da decomposição do ião persulfato em meio aquoso. J. Amer. Chem. Soc. , 1951, **73**, p. 3055-3059.

78. Palit S.R., Mandal B.M. End-group studies using dye techniques. J. Macromol. Sci., 1968, C **2**, p. 225-277.

79. Hul H.J., Van der Hoff J.W. Mechanism of film formation of latexes (Mecanismo de

formação de película de látex). Brit. Polym. J., 1970, **2**, p. 120-127.

80. Jaycock M.J., Parfitt G.D. Chemistry of interfaces. Ellis Horwood Ltd, 1981, 279 p.

81. Sung Kuk Son. Medições da constante da taxa de propagação da polimerização em emulsão. J. Appl. Polym. Sci., 1980, **25**, p. 2993-2998.

82. Gilbert R.G., Napper D.H. A determinação direta de parâmetros cinéticos em sistemas de polimerização em emulsão. J. Macromol. Sci., Rev. Macromol. Chem. Phys. 1983. **C23**. p. 127-186.

83. Hrabak F., Bezdek M., Hynkova V., Pelzbauer Z. Reação de crescimento na polimerização radical de cloropreno. J. Polym. Sci., 1967, **C3**, 16, p. 1345-1353.

84. Gerrens H. Reacções radicais em processos de polimerização. In Dechema Monographien. Frankfurt a/M., 1964, 49, 859, 346 S.

85. Micelização, Solubilização e Microemulsões. Ed. Por K. Mittal. Springer, 2012, V 1, 460 p., V 2, 459 p.

86. Nomura M., Harada M., Eguchi W., Vagata S. Cinética e mecanismo da polimerização em emulsão de acetato de vinilo. Simpósio ACS. Ser. **24**, Washington, 1976, p. 102-121.

87. Harriott P. Kinetics of vinyl acetate emulsion polymerization (Cinética da polimerização em emulsão de acetato de vinilo). J. Polym. Sci., 1971, **A I**, 9, p. 1153-1163.

88. Frolov Yu.G. Curso de Química de Colóides (Fenómenos de Superfície e Sistemas Dispersos). M., Khimia,1982, 400 p. (em russo).

89. Lodiz R., Parker R. Growth of Monocrystals (Crescimento de Monocristais). M., Mir, 1974, 540 p. (em russo).

90. Miller A.A., Mayo F.R. Oxidação de compostos insaturados. I. Oxidação do estireno. J. Amer. Chem. Soc., 1956, **78**,, p. 1017-1023.

91. Barnes C.E., Elofson R.M., Jones G.D. Papel do oxigénio na polimerização do vinil. II. Isolamento e estrutura dos peróxidos do composto de vinil. J. Amer. Chem. Soc.1950, **72**, p. 210.

92. Manual de Solubilidade. M. L., Izd.AN SSSR, 1961, 1, p. 88. (em russo).

93. Oganesyan A.A., Airapetyan K.S., Gusakyan A.V., Konoyan F.S. Sobre o mecanismo de reação de iniciação de radicais monómeros em solução aquosa saturada de persulfato de potássio de estireno. DAN Arménia SSR, 1968, **82**, 3, p. 134-136. (em russo).

94. Nadaryan A.G. Sobre a possibilidade de síntese sem emulsão de redes estáveis com base em acetato de vinila. Khim.J.Arménia, 2012, **65**, 2, p. 250-253. (em russo).

95. Chichibabin A.E. Princípios básicos de química orgânica. V 1. M., Izd. Khim. Lit., 1963, 910 p. (em russo).

96. Mayo F.R. The oxidation of unsaturated compounds. V. O efeito da pressão de oxigénio na oxidação do estireno. J. Amer. Chem. Soc.,1958, **80**, p. 24652480.

97. Patente japonesa 55-80402. Síntese de dispersões poliméricas homogéneas. / Matsumoto, Tsupetaka, Wakimoto, Saburo, Miahara, Sadayasu, Heisiu, Iosihiko/

98. Patente US 4247434. Método de síntese de látices monodispersos de grande dimensão / Lovelace A.M., Vanderhoff J.W., Micale F.J., El-Aasser M.S., Kornfeld D.M./.

99. Patente romena 77091. Método de síntese de redes de poliestireno monodispersas de grande dimensão utilizadas em imunologia. /Dimonie V., Hagiopol C., Glorgescu M., Moraru G., Constantinescu G./

100. Oganesyan A.A., Gusakyan A.V., Airapetyan K.S., Influência da concentração de K S O_{228} na formação de partículas dispersas na polimerização sem emulsão de estireno em condições estáticas. Khim.J.Armenia, 1986, 39, 3, p.190-192. (em russo).

101. Boyajyan V.G., Gukasyan A.V., Abramyan L.S., Oganesyan A.A., Matsoyan S.G. Nonspheric aggregates in emulsifier free aqueous dispersions of polystyrene. Khim.J.Armenia, 1986, **39**, 8 p. 530-531. (em russo).

102. Boyajyan V.G., Gukasyan A.V., Oganesyan A.A. Sobre a possibilidade de formação de uma nova fase após reacções radicais em solução aquosa saturada de persulfato de potássio com estireno. Khim.J.Armenia, 1986, **39**, 11, p. 711-714. (em russo).

103. Oganesyan A.A., Boyajyan V.G., Airapetyan K.S., Gukasyan A.V., Matsoyan S.G. Formação de látex de policloropreno sem emulsionante em sistema estático cloropreno-solução aquosa de persulfato de potássio. Khim.J.Arménia, 1986, **39**, 2, p.126-127. (em russo).

104. Oganesyan A.A., Gukasyan A.V., Airapetyan K.S., Boyajyan V.G., Matsoyan S.G. Métodos de síntese de redes monodispersas de policloropreno. Ordem N 4090394/05, 20.05.86. (em russo).

105. Oganesyan A.A., Grigoryan G.K., Muradyan G.M., Nadaryan A.G. Sobre a estabilidade das redes monodispersas de policloropreno sem emulsionante. Khim.J.Arménia, 2011, **64**, 4, p.

575-579. (em russo).

106. Crescimento de monocristais de perfil de silício utilizando o método de Stepanov http://werfy.ru/cat74/file1034091.html (em russo).

107. Oganesyan A.A., Grigoryan G.K., Atanesyan A.K. Оганесян А.А., Григорян Г.К., Атанесян А.К. Crescimento de monocristais de perfil de iodato de lítio por formação de nanopartículas poliméricas. Izvestia NAN Arménia, Física, 2008, **43**, 5, p. 383-386. (em russo).

More Books!

I want morebooks!

Buy your books fast and straightforward online - at one of world's fastest growing online book stores! Environmentally sound due to Print-on-Demand technologies.

Buy your books online at
www.morebooks.shop

Compre os seus livros mais rápido e diretamente na internet, em uma das livrarias on-line com o maior crescimento no mundo! Produção que protege o meio ambiente através das tecnologias de impressão sob demanda.

Compre os seus livros on-line em
www.morebooks.shop

info@omniscriptum.com
www.omniscriptum.com

OMNIScriptum